NEGES' MANAGEMENTTRAINER

GABRIELE CERWINKA • GABRIELE SCHRANZ

Der Telefon-Profi

▸▸ Berufliche Telefonate aktiv und positiv gestalten

Linde
international

Bibliografische Information Der Deutschen Bibliothek

Die Deutsche Bibliothek verzeichnet diese Publikation in der Deutschen Nationalbibliografie; detaillierte bibliografische Daten sind im Internet über http://dnb.ddb.de abrufbar.

ISBN 978-3-7093-0212-5

Umschlag: buero8
Satz: Hannes Strobl, Satz-Grafik-Design, 2620 Neunkirchen

1210 Wien, Scheydgasse 24, Tel.: 0043/1/24 630
www.lindeverlag.de
www.lindeverlag.at

Druck: Hans Jentzsch & Co. GmbH, 1210 Wien, Scheydgasse 31
1

INHALT

EINLEITUNG

Die Welt der Kommunikationsmedien verändert sich täglich. Trotzdem gibt es eine Konstante: das Telefon! Rund 80 Prozent der Firmenkontakte finden nach wie vor telefonisch statt. Ein Arbeitstag ohne Griff zum Telefon ist unvorstellbar. Bricht das Telefonnetz auch nur für eine Stunde zusammen, sind die Auswirkungen auf die Gesamtwirtschaft enorm.

Gründe genug, um sich mit diesem Thema genauer zu befassen. Jeder kann grundsätzlich telefonieren. Doch was muss jemand beachten, der dieses Medium bewusst zu seinem Vorteil nutzen will? Der nicht nur Kontakt zur Außenwelt und damit zu seinen Kunden herstellen will, sondern diese auch wirklich überzeugen möchte. Welche Techniken muss ein echter Telefon-Profi beherrschen?

Wir haben in sechs übersichtlichen Kapiteln Wissenswertes zum Thema Telefonieren für Sie zusammengestellt. Uns geht es dabei vor allem darum, auch scheinbar nebensächliche Details ins Zentrum der Aufmerksamkeit zu rücken und deren Signalwirkung bewusst zu machen. Viele kleine Mosaiksteine ergeben ein Gesamtbild. Schon bei den ersten Worten entscheidet sich, ob ein Anrufer ein Unternehmen sympathisch findet oder eben nicht. Der eigenen Stimme als „Sympathieträger“ und den richtigen Formulierungen als „Verpackung“ der eigenen Botschaft kommen dabei zentrale Bedeutung zu.

Erkennen Sie die Gefahren, die das Telefon birgt, und vermeiden Sie die Fallen amateurhafter Gesprächsführung. Nutzen Sie unsere Tipps und Checklisten und somit die Möglichkeiten, die Ihnen das Telefon als Kommunikationsmittel bietet. So wird das Telefon vom unangenehmen Zeiträuber und Störfaktor zum aktiven Erfolgsgarant.

Wir wünschen Ihnen viel Freude beim Durcharbeiten dieses Buches und viel Erfolg bei der Umsetzung!

Gabriele Schranz Gabriele Cerwinka

1. DIE VORBEREITUNG

1.1 Die innere Einstellung als Basis

„Erfolg am Telefon entsteht im Kopf." Wer von unseren Lesern schon an einem Telefonseminar teilgenommen hat, wird diesen Satz kennen. Zugegeben, er ist nicht neu. Aber er ist wichtig. Uns geht es in diesem Buch ja nicht um den schnellen Erfolg und oberflächliche Tipps zum Thema Telefonieren. Wir wollen Ihre Telefonkommunikation auf eine solide und professionelle Basis stellen. Dazu gehört nun einmal als Grundlage die richtige innere Einstellung.

Negativ-Beispiele:

„Freitag um diese Zeit treffe ich sicher niemanden mehr in der Firma an."

„Bei meinem letzten Anruf war X sehr kurz angebunden, ich glaube, der will mit unserer Firma nichts mehr zu tun haben."

„Jetzt sind die dort sicher alle gerade in ihrem Meeting, da hat sicher keiner Zeit für mich."

Kennen Sie solche und ähnliche Sätze? So entstehen innere Blockaden, die es zu überwinden gilt, wenn Sie ein erfolgreiches Telefongespräch führen wollen. Wer vorweg schon das Schlimmste annimmt, wird leider oft bestätigt. Der andere spürt die negative innere Einstellung und reagiert dementsprechend. Als zusätzlicher Verstärker wird das Gespräch dann auch noch gleich mit einer Killerfloskel aller erster Güte eingeleitet: *„Störe ich?"*

Wer sich so schon selbst als Störfaktor betitelt, darf sich nicht wundern, wenn er auch genauso wahrgenommen wird. Bremsen Sie daher unbedingt Ihren negativen inneren Monolog und polen Sie sich im Vorfeld eines Gespräches bewusst positiv um: Welche interessante Information habe ich dem Angerufenen zu bieten? Führen Sie jedes Gespräch so, als ob es das einzige Telefonat des Tages wäre!

Seien Sie zuversichtlich und glauben Sie an Ihren Erfolg. Ein schnell aufgesetztes Lächeln ist da zu wenig. Die Zuversicht muss aus Ihrem Inneren kommen, denn auch das perfekteste Pokerface kann die wahre Einstellung nicht ganz verbergen. Ihr Gesprächspartner merkt, was Sie denken und fühlen. Auch wenn er es nicht bewusst wahrnimmt, sein Unterbewusstsein nimmt alle Signale auf – das ist umso heimtückischer, weil der andere oft gar nicht bewusst weiß, warum er Ihnen gegenüber so negativ eingestellt ist. Ein Großteil der Entscheidungen wird nämlich vom Unterbewusstsein bestimmt. Auch mit der perfektesten Kommunikationstechnik können Sie diese Signale, die Sie unbewusst ausstrahlen, nicht steuern. Daher ist Ihre Einstellung so wichtig.

Bevor Sie also Ihr bestes Lächeln am Telefon üben, arbeiten Sie an Ihrer Einstellung und an Ihrem Selbstwertgefühl – das Lächeln kommt dann schon von selbst.

1.2 Drei Schritte zur positiven Einstellung

✍ Selbstcheck: Wie positiv ist Ihre Einstellung?

1. Schritt: Ich mag mich

Beantworten Sie die nachstehenden Fragen möglichst spontan:

Was mache ich gerne?

Was macht mir an meinem Beruf besonders Spaß?

Mit welcher Tätigkeit hatte ich bisher Erfolg?

Was sind meine Stärken?

Wenn Sie sich auf Ihre Stärken konzentrieren, fällt es Ihnen leichter, sich selbst in einem positiven Licht zu sehen. Positive Gedanken stärken Ihren Energiehaushalt. Viele Schwächen korrigieren sich so von selbst.

2. Schritt: Ich mag meinen Beruf

Kreuzen Sie alle Antworten an, die auf Ihre Situation zutreffen:

- Mein Beruf ist vielseitig und abwechslungsreich. ❍
- Ich habe viele Kontakte zu Menschen, das ist aufregender als reine Büroarbeit. ❍
- In meinem Beruf kann ich beweisen, wie gut ich bin. ❍

- Gerade am Telefon kann man viele Erfolge erzielen – und nichts motiviert so wie Erfolg ❍
- Es macht Spaß, professionell zu arbeiten. ❍

3. Schritt: Ich mag meine Gesprächspartner

Was macht jeden Gesprächspartner so einmalig? Warum ist jedes noch so kurze, scheinbar „unbedeutende“ Gespräch immer auch ein Gewinn?

Kreuzen Sie alle Aussagen an, mit denen Sie sich identifizieren können:

- Telefongespräche bringen Abwechslung in meinen Berufsalltag. ❍
- Wenn mein Gesprächspartner eine freundliche Stimme hat, hebt das auch meine Laune. ❍
- Auch ein schwieriges Gespräch kann ein positives Gefühl hinterlassen, wenn man spürt, dass man es gut gemeistert hat. ❍
- Es macht mir Spaß, „zwischen den Worten“ meines Gesprächspartners zu hören. ❍
- Es ist schon mit wenigen Worten möglich, den anderen positiv zu stimmen. ❍
- Niemand ruft genau mich an, um mich zu ärgern – der Unmut ist meist unabhängig von mir beim anderen entstanden, und ich bin einfach nur zufällig der Nächste am Apparat. ❍
- Eine andere Sichtweise bringt mir neue Erkenntnisse – wenn jeder die Dinge so sehen würde wie ich, gäbe es keine neuen Erkenntnisse. ❍
- Persönliche Kontakte sind für mich echte Energiequellen. ❍
- Ich bin immer neugierig, wer wohl am anderen Ende ist, wenn das Telefon läutet. ❍

Der Gesprächspartner spürt Ihre positive oder negative Einstellung – sie bestimmt Ihren Erfolg oder Misserfolg. Wie entscheiden Sie?

1.3 Kassenschlager oder Flop?

Wollen Sie in einem echten Erfolgsfilm mitspielen? Beginnen Sie gleich heute mit der Neuinszenierung Ihres Telefonverhaltens: Sie spielen keine Nebenrolle, Sie spielen die Hauptrolle und führen gleichzeitig Regie!

Stellen Sie sich diese Szene vor: Sie betreten um 8:00 Uhr morgens Ihr Büro. Das Telefon läutet ... „Schnitt“, ruft der Regisseur: *„Was empfinden Sie bei diesem Geräusch?“*

✍ Selbstcheck: Analysieren Sie, welche Gefühle das Läuten des Telefons bei Ihnen auslöst:

	immer	oft	manchmal	nie
Angst	❍	❍	❍	❍
Erschrecken	❍	❍	❍	❍
Wunsch nach Untertauchen	❍	❍	❍	❍
Unsicherheit	❍	❍	❍	❍
Stress	❍	❍	❍	❍
Ärger über die Störung	❍	❍	❍	❍
Unwillen	❍	❍	❍	❍
Gereiztheit	❍	❍	❍	❍
Neugier	❍	❍	❍	❍
Hoffnung	❍	❍	❍	❍
Aufmerksamkeit	❍	❍	❍	❍
Überraschung	❍	❍	❍	❍
Freude	❍	❍	❍	❍
Depression	❍	❍	❍	❍
Überforderung	❍	❍	❍	❍

Welches Gefühl soll der Hauptdarsteller – also Sie – ausdrücken? Soll er nervös zusammenzucken und den Kopf einziehen? Oder soll er selbstbewusst und siegessicher zum Hörer greifen? Sie sind der Regisseur, Sie entscheiden!

✍ Selbstcheck: Sehen Sie sich in der Rolle des Gewinners oder des Verlierers?

Wir haben einige typische Gewinnereinstellungen für Sie aufgelistet – kreuzen Sie an, womit Sie sich identifizieren können, und ergänzen Sie die Liste:

Gewinner erkennen ihre Chance.	❍
Gewinner nützen ihre Chancen.	❍
Gewinner kommen wie von selbst voran.	❍
Gewinner erkennen den richtigen Zeitpunkt.	❍
Gewinner denken positiv.	❍

Gewinner jammern nicht. ❍

Gewinner leben in der Gegenwart. ❍

Gewinner lernen aus ihren Fehlern. ❍

Gewinner konzentrieren sich auf ihre Stärken. ❍

Gewinner können sich selbst leiden. ❍

Gewinner warten nicht auf Wunder, sie handeln. ❍

Gewinner wollen sich nicht „zu Tode siegen". ❍

Gewinner haben mehr Spaß im Leben. ❍

____

____

____

____

____

1.4 Ziele im aktiven Telefonat

Vielfach versteht man unter „aktivem Telefonieren" eine Art von Telefonverkauf. Das ist aus unserer Sicht eine viel zu enge Definition. Aktives Telefonieren bedeutet vielmehr eine bewusste Gesprächsführung, bei der der Anrufer das Gespräch genau plant, klare Ziele verfolgt und die Führung nicht aus der Hand gibt.

Zeit ist eines unserer wertvollsten Güter. Sie ist immer zu knapp, zu viele Dinge müssen in immer weniger Zeit erledigt werden. Unnötige, überlange und ineffiziente Telefongespräche belasten unser Zeitbudget und werden als Zeiträuber stets in die Liste der Top-Drei gewählt. Dazu kommt noch der sogenannte **Sägeblatt-Effekt**, wenn das Telefon klingelt und man so gezwungen wird, seine Arbeit zu unterbrechen, um sie nach dem Telefonat erst wieder neu zu beginnen.

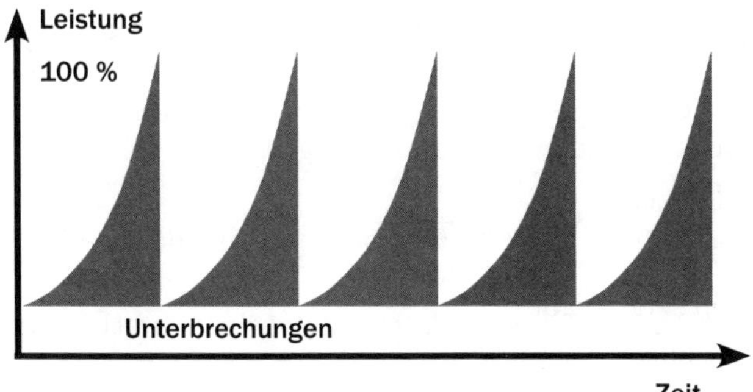

Sägeblatt-Effekt

Verhindern lässt sich dieser Effekt nicht ganz, aber Sie können bewusst dagegen ankämpfen, indem Sie Ihre Telefonate möglichst aktiv führen.

☞ **Tipps zum aktiven Telefonieren:**

- Warten Sie nicht, bis Ihre Kunden Sie anrufen, greifen Sie selbst zum Hörer.
- Bestimmen Sie so selbst den Zeitpunkt, wann Sie telefonieren möchten.
- Gönnen Sie sich vor einem schwierigen Telefonat bewusst einen Moment der Ruhe und Einstimmung.
- Erledigen Sie aktive Telefonate in Zeiten, in denen Sie störungsfrei telefonieren können und Ihre Konzentrationsfähigkeit nicht beeinträchtigt ist (bei Morgenmuffel nicht unbedingt am Morgen oder grundsätzlich nicht nach einem reichhaltigen Essen oder schnell noch kurz vor Arbeitsende etc.).
- Legen Sie sich alle nötigen Informationen zurecht und gehen Sie das Gespräch gedanklich noch einmal durch.
- Sortieren Sie Ihre Informationen und Argumente.
- Wählen Sie auch den richtigen Zeitpunkt aus der Sicht des Gesprächspartners, sofern Sie seine Umweltbedingungen kennen.
- Konzentrieren Sie sich ganz auf das Gespräch.

Definieren Sie vor jedem aktiven Telefonat genau Ihre Ziele: Was will ich mit meinem Telefonat erreichen?

Klar definierte Ziele verhindern unnötigen Kräfteverschleiß während eines Gespräches: Sie verzetteln sich nicht mit Nebensächlichem und können das eigentliche Ziel immer im Auge behalten. So kommt während des Gesprächs auch kein Stress auf. Sie bemerken außerdem, wenn das Gespräch eine Richtung nimmt, die Sie von Ihrem Ziel entfernt, und können das Telefonat wieder bewusst in die von Ihnen gewünschte Richtung lenken. Sie behalten jederzeit die Übersicht.

Definieren Sie Ihre Ziele möglichst genau. Setzen Sie sich dabei realistische Ziele und formulieren Sie diese positiv.

Beispiel:

Statt: *„Ich will von Kunde X, mit dem ich einen Termin vereinbaren möchte, nicht abgewimmelt werden."*

Besser: *„Ich werde mit Kunde X einen Termin innerhalb der nächsten drei Wochen vereinbaren."*

Letztendlich lässt sich der Erfolg eines Telefonates auch nur nach den vorher festgesetzten Zielen bemessen. Was habe ich umgesetzt? Welche Punkte bleiben offen und müssen in einem weiteren Gespräch geklärt werden? Können Sie alle Punkte auf Ihrer „Zielliste" abhacken, war Ihr Telefonat ein voller Erfolg.

Nicht immer lässt sich in einem Gespräch alles durchsetzen, was man sich vorgenommen hat. Das ist normal und noch lange kein Grund für Zweifel. Wer im Voraus auch ein „Minimalziel" festlegt, ist weniger enttäuscht, wenn er nicht das große Endziel erreicht. Manchmal lässt sich ein Berg eben nur in kleinen Etappen bezwingen. Ein solches Minimalziel kann zum Beispiel der Aufbau einer positiven Beziehung zu einem Kunden sein. Das gelingt am Telefon meist besser als in einem Brief oder einer E-Mail, weil die persönliche und emotionale Komponente größer ist. Definieren Sie also stets nicht nur ein Ziel, sondern ein Minimal- und ein Oberziel. Das Oberziel sollten Sie nie ganz aus den Augen lassen.

Aktives Telefonieren folgt ganz dem Prinzip: *„Handle, statt dich behandeln zu lassen".* Ergreifen Sie die Initiative und steuern Sie Ihre Gespräche zielorientiert – so behalten Sie auch bei schwierigen Gesprächspartnern stets die Oberhand.

1.5 Kunden- und zielgruppenorientiertes Telefonieren

☹ **Es klingelt – ein Leider-Nein-Szenario:**

- Ich täusche vor, dass ich das Läuten nicht gehört habe, und stehle mich aus dem Raum – irgendwer wird schon abheben!
- Oder ich lasse es einfach klingeln. Wenn es dringend ist, wird es der Anrufer schon noch einmal probieren.
- Wenn es wieder klingelt, fühle ich mich gestört, hebe aber trotzdem – widerwillig – ab.
- Ich begrüße den Anrufer kurz und ja nicht zu freundlich – der soll ruhig merken, dass er mich stört!
- Ich falle ihm gleich einmal ins Wort und versuche so, ihn so schnell wie möglich wieder loszuwerden.
- Je unkompetenter ich mich anstelle, umso schneller merkt er, dass dieses Gespräch nichts bringt und lässt mich auch in Zukunft in Ruhe.
- Ist der Anrufer sympathisch, hat er Glück: Mein Tonfall wird etwas freundlicher.
- Ich verstehe den Namen des Anrufers nicht und bin schon verärgert, weil ich nachfragen muss. Eigentlich interessiert mich sein Name ja auch überhaupt nicht!
- Ich schreibe nicht mit, weil mein Stift gerade von Tisch gerollt ist. Wird schon nicht so wichtig sein ...

- Was hat er da eben gesagt? Ich ertappe mich dabei, wie ich überhaupt nicht mehr zuhöre.
- Während ich den Stift vom Boden aufhebe, spreche ich weiter und meine Stimme klingt dabei wohl irgendwie seltsam, weil mich der Anrufer fragt, ob ich hören kann, was er mir sagt. Wie kommt der überhaupt darauf?
- Während ich versuche, die undeutliche Aussprache des Anrufers zu deuten, sehe ich meinen Chef in größter Hektik zur Tür hereinstürmen – das lenkt natürlich zusätzlich ab.
- Ein Kollege steht – mit dem Finger auf meinen Schreibtisch pochend – vor mir und fixiert mich. Ich decke den Hörer mit der Handfläche ab und fahre den Störenfried unwirsch – und nicht ganz leise – an: *„Siehst du nicht, dass ich gerade mit so einem lästigen Kunden telefoniere?“*
- Da fällt mein Blick auch noch auf einen Akt auf meinem Tisch – verdammt! Ich habe vergessen, dem Kunden X abzusagen, der wird gleich bei der Tür hereinkommen ...

„Ich glaube, wir beenden das Gespräch, ich bin bei Ihnen wohl an der falschen Adresse.“ – Was? Wie kommt denn der Anrufer auf so was?!

✍ Selbstcheck: Wie kundenorientiert ist Ihr Telefonverhalten?

Schätzen Sie das Telefon-Verhalten in Ihrem Unternehmen (möglichst ehrlich) ein:

	stimmt	stimmt teilweise	stimmt nicht
Spätestens nach dreimaligem Läuten wird abgehoben.	❍	❍	❍
Der Anrufer wird immer freundlich und korrekt empfangen.	❍	❍	❍
Der Anrufer wird immer nach seinem Namen gefragt und mit seinem Namen angesprochen.	❍	❍	❍
Jeder, der ein Gespräch entgegennimmt, fühlt sich für das Anliegen des Anrufers verantwortlich.	❍	❍	❍
Der Kunde wird professionell weiterverbunden.	❍	❍	❍
Der Kunde wird sein Anliegen los, ohne mehr als einmal verbunden zu werden.	❍	❍	❍
Verärgerte Kunden werden besonders freundlich behandelt und ernst genommen.	❍	❍	❍

Zugesicherte Rückrufe werden zuverlässig erledigt.	❍	❍	❍
Jeder nimmt sich die nötige Zeit für den Anrufer.	❍	❍	❍
Das Telefon gilt bei uns nicht als lästiger Störer, sondern als wichtiger Kontakt zu unseren Kunden.	❍	❍	❍
Unsere Kunden rufen gerne bei uns an.	❍	❍	❍

Lassen Sie diesen Test auch von einem Außenstehenden ausfüllen, um eine objektive Sicht zu erhalten!

Auf der Suche nach der neuen Zielgruppe – das Telefon als Kundengewinnungsinstrument

Wollen Sie einen neuen Kunden ansprechen, ist das Telefon unerlässlich. Auch wenn das Verkaufsgespräch persönlich stattfindet, müssen Sie dem Kunden ja zunächst den Besuchstermin „verkaufen".

Bis Sie an die richtige Ansprechperson gelangen, machen Sie oft viele leere Kilometer. Auch bei schon bestehenden Kundenkontakten können sich Veränderungen ergeben haben. Um Ihre Zeit möglichst effizient zu nutzen, ist es daher gut, sich vorher einige Fragen zu stellen:

1. Woher bekomme ich erfahrungsgemäß die besten Adressen?
    - Branchenverzeichnisse/Telefonbücher/Internetverzeichnisse
    - Messe-/Außendienstkontakte
    - Verbands- und andere Mitgliedslisten
    - Inserate in Fachzeitschriften, Neueröffnungen, Internetrecherche
    - Empfohlene Adressen von Bekannten, Kollegen, Profis (Adressenverlage)
2. Welche Bedürfnisse hat dieser Kunde möglicherweise?
3. Habe ich alle nötigen Vorinformationen?
4. Ist es sinnvoll, auf Neukundensuche zu gehen, oder sollte ich zuerst die bestehenden Kunden durchgehen?
5. Ist meine Kundendatei auf dem neuesten Stand?
    - Sind die Telefonnummern noch aktuell?
    - Sind die Kontaktpersonen noch dieselben?
    - Hat sich der Tätigkeitsbereich des Unternehmens verändert?
    - Hat sich die Unternehmensgröße verändert?
    - Gibt es spezielle Absprachen?

- Gab es in letzter Zeit Reklamationen?
- Habe ich in letzter Zeit zusätzliche Hintergrundinformationen erhalten?

Nur eine gut geführte und aktuelle Kundendatei ist eine professionelle Basis für den Verkaufserfolg.

Kundenorientiertes Telefonieren bedeutet ein Sich-Hineinversetzen in den Kunden

Das Ziel einer guten Gesprächsvorbereitung ist die Vorwegnahme des Gesprächsverlaufes. Wie aber kann ich wissen, was der Kunde sagen wird, wie er reagieren wird?

Die beste Grundlage für ein kundenorientiertes Telefonverhalten ist es, sich in seinen Kunden hineinzuversetzen. Versuchen Sie daher einmal kurz die Seiten zu wechseln: Betrachten Sie die Situation durch die Brille Ihres Kunden und überlegen Sie, wie er die Dinge sieht.

☑ Checkliste: „Die Kundenbrille“

Welche geschäftlichen Schwerpunkte hat mein Kunde?

____

____

____

Was hat sich in letzter Zeit bei ihm verändert?

____

____

____

Wie steht er zu mir/meinem Unternehmen?

____

____

____

Welche Eigenheiten, Hobbys etc. hat er?

____

____

____

Welche Eigenschaften meines Produktes könnten ihn besonders ansprechen?

	ja	nein
▸ Legt er Wert auf Sparsamkeit?	❍	❍
▸ Ist er ein Perfektionist?	❍	❍
▸ Entscheidet er hauptsächlich mit dem Kopf?	❍	❍
▸ Erwärmt er sich leicht für Neues?	❍	❍
▸ Steht bei ihm die Technik im Vordergrund?	❍	❍
▸ Oder steht die Wirtschaftlichkeit im Vordergrund?	❍	❍

Welchen Gesprächsstil bevorzugt er?

	ja	nein
▸ Will er zunächst ein paar private Worte wechseln?	❍	❍
▸ Kommt er gerne sofort auf den Punkt?	❍	❍
▸ Benötigt er eine Liste von Argumenten?	❍	❍
▸ Stellt er viele Fragen?	❍	❍
▸ Reagiert er leicht emotional?	❍	❍

Welchen Nutzen hat er von meinem Anruf?

____

____

____

Wie sieht sein Büro aus?

____

____

____

In welcher Körperhaltung telefoniert er gerade und was kann ich daraus für mein Telefonat schließen? (Sitzt er zum Beispiel aufrecht, ist er eher entscheidungsfreudig; „liegt“ er dagegen schon beinahe auf seinem Stuhl, signalisiert dies wenig Entscheidungsbereitschaft.) (Siehe auch Seite 38 f.)

____

____

____

1.6 Vorinformationen sammeln und filtern

Beispiel:

Frau Sprecher ist seit kurzem Mitarbeiterin in der Verkaufsabteilung der Firma „Druckereimaschinen AG“ und zuständig für den Telefonverkauf einer neuen Serviceleistung – dem „Monatlichen Maschinencheck“ bei Stammkunden. Sie stürzt sich voll Feuereifer in die Arbeit. Verkaufen kann sie, schließlich war sie in ihrer alten Firma beim Verkauf von Telefonanlagen sehr erfolgreich. Sie hat von ihrem Chef Telefonnummern von Kunden bekommen und greift entschlossen zum Telefonhörer.

Drei Stunden später ist von ihrer Selbstsicherheit nicht mehr viel übrig:

- Bei der ersten Firma erreichte sie nie die richtigen Ansprechpartner.
- Bei der zweiten Firma war niemand zuständig.
- Firma drei steckte mitten im Übersiedeln.
- Bei der vierten Firma konnte sie die Detailfragen des Kunden nicht beantworten.
- Im letzten Gespräch bekam sie viele Einwände zu hören, auf die ihre altbewährten Antworten einfach nicht passten.

Was hat Frau Sprecher falsch gemacht?

____

____

____

____

____

Die folgende Checkliste hilft Ihnen bei der Beantwortung – und Frau Sprecher verhilft sie hoffentlich zu mehr Erfolg in der neuen Firma:

☑ Checkliste: Sammeln und Aufbereiten von Informationen

Kreuzen Sie alle Informationen, über die Sie bereits verfügen, an bzw. ergänzen Sie diese:

Kundendatei angelegt ❍

Name und Titel

_______________________________ ❍

Richtige Aussprache des Namens

_______________________________ ❍

Position/Vorgesetzte

_______________________________ ❍

Wer vertritt den Kunden?

_______________________________ ❍

Sekretärin/Mitarbeiter

_______________________________ ❍

Telefonnummer/Durchwahl/Mobilnummer

_______________________________ ❍

Adresse – Standort

____

_______________________________ ❍

E-Mail-Adresse

_______________________________ ❍

Homepage: Gibt es aktuelle Neueinträge?

_______________________________ ❍

Wann war unser letzter Kontakt?

_______________________________ ❍

Welche geschäftlichen Schwerpunkte hat der Kunde?

____

_______________________________ ❍

Wie steht er zu unserem Unternehmen?

____

_______________________________ ❍

Was hat sich seit dem letzten Kontakt verändert?

____

_______________________________ ❍

Wer ist wofür zuständig?

____

____ ❍

Korrespondenz mit dem Kunden, auch aus anderen Bereichen.

____

____ ❍

Mit welchen Mitarbeitern aus meinem Unternehmen hatte der Kunde sonst noch Kontakt?

____

____ ❍

In welcher Form wünscht er normalerweise seine Angebote?

____

____ ❍

Welcher Zeitpunkt ist günstig?

____

____ ❍

Wer in meinem Unternehmen kann mir noch nützliche Informationen liefern?

____

____ ❍

Welchen Nutzen hat unser Angebot für ihn im Vergleich zu anderen?

____

____

____ ❍

Welche Informationen benötige ich noch über mein/e Produkt/ Dienstleistung/Unternehmen?

____

____

____ ❍

Welche Gegenargumente und Einwände könnte der Gesprächspartner haben?

____

____

____ ❍

Je detaillierter Sie sich im Vorfeld mit den Kundeninformationen befassen, desto leichter fällt es Ihnen, einen genauen Gesprächsleitfaden zu erstellen. Besonders das Vorwegnehmen der Kundeneinwände ist ein wichtiger Punkt in der Vorbereitung.

Der Kunde akzeptiert nicht das, was Sie ihm empfehlen, sondern das, was er versteht, erkennt und ihm nützt. Versetzen Sie sich daher in seine Lage – setzen Sie vor dem Gespräch stets „seine Brille" auf.

1.7 Telefonskript/Gesprächsleitfaden

Unter einem Telefonskript versteht man einen mehr oder weniger genauen Gesprächsleitfaden für ein Telefongespräch. So ein Skript kann ausformulierte Sätze enthalten oder nur Stichworte, auf jeden Fall soll es einen roten Faden für Telefonate liefern. Manche professionellen Telefonexperten wehren sich gegen so ein „vorgefertigtes" Gespräch; sie meinen, die Spontaneität würde darunter leiden – ein Argument, das sicherlich richtig ist. Sie wollen ja am Telefon nicht wie ein Schauspieler klingen, der seine Rolle „abspult". Andererseits ist die Gefahr groß, in der Hitze des Gefechtes einen wichtigen Punkt, den Sie sich vorgenommen haben, zu vergessen. Da hilft ein Skript. Es sollte allerdings aus unserer Sicht vorrangig in Stichworten abgefasst werden und Raum für Notizen enthalten. Wichtig ist daher auch eine übersichtliche Gestaltung – wer während des Telefonates hektisch in seinen Unterlagen blättert, wirkt wenig überzeugend.

Vorteile eines Telefonskripts:

- Es zwingt zur Konzentration auf das Gespräch und zu einem zielorientierten Telefonieren.
- Es verlangt das konsequente Durchdenken des Telefongesprächs.
- Es bietet Zeitersparnis durch gute Planung.
- Einwände können schon vorab durchdacht werden.
- Während des Gespräches werden keine wichtigen Punkte vergessen.

Im Anhang finden Sie eine Checkliste für die Erstellung eines Telefonskripts, ein Beispiel für einen Gesprächsleitfaden für Reklamationsgespräche und ein Formular zum Selbstausfüllen bzw. zur Erarbeitung eines eigenen Telefonskripts (Seite 135).

Meist hat ein Telefonskript folgenden Aufbau:

- Gesprächsziel,
- Begrüßung,
- einleitende Aussagen, Aufhänger (Grund des Anrufes, Angebot, Vorteile für den Kunden),

- Fragen – Schlüsselfragen,
- Angebot bzw. konkreter Vorschlag für den Kunden,
- Bearbeitung Kundeneinwände,
- Vereinbarung (Kauf, Termin),
- Zusammenfassung und
- Verabschiedung.

Beispiel: Folgende Übersicht kann als Grundlage für ein Telefonskript verwendet werden:

	Vorinformation	Notizen
Datum:	24.11.08	
Uhrzeit:	11:20 Uhr	
Ansprechpartner:	Ursula Leicht	
Assistent:	Frau Merk	Praktikant Max Huber
Stellvertreter:	Verena Maier	
Gesprächsanlass:	Projekt X	
Oberziel:		
Einleitungssätze:		
Ziel 1: **Fragen:**	Erläuterung Projekthintergrund Wer ist Projektleiter?	Auswertung der Kundeninfos Prok. Meier
Ziel 2: **Fragen:**		
Ziel 3: **Fragen:**		
Ziel 4: **Fragen:**		
Vereinbarungen:	Was? Wer? Bis wann? Wo? Wie?	
Zusatzinformationen:		
Zusammenfassung:		
Sonstige Informationen zum Gesprächspartner:		Gutes Gesprächsklima, Smalltalk über Segeln – hat ein Boot am Bodensee!
Weitergabe von Informationen an:		

☞ **Tipps zur Verwendung von Telefonskripts:**

- Lesen Sie das Telefonskript nicht einfach ab.
- Verwenden Sie keine Formulierungen, die Ihnen nicht locker über die Lippen kommen. Eine Formulierung, die ein Kollege immer verwendet und bei diesem hervorragende Wirkung erzielt, kann, wenn Sie sie einsetzen, dennoch unnatürlich wirken, wenn sie nicht zu Ihnen passt – schreiben Sie sie daher erst gar nicht in Ihr Skript!
- Wenn Sie von diesem Instrument nicht überzeugt sind, lassen Sie es lieber und wählen Sie eine für Sie passendere Methode wie z. B. Mind Maps als Grundlage.

1.8 Zusammenfassung

Eine systematische Vorbereitung erhöht Ihre Kompetenz! Zusammengefasst sollten Sie vor jedem Telefonat folgende Fragen klären:

Was?

- Ziele festlegen
- Einleitende Aussagen und Argumente zurechtlegen
- Einwände des Kunden bedenken
- Gesprächstaktik darauf ausrichten

Wann?

- Zeitpunkt richtig wählen, für Ruhe sorgen

Wen?

- Name, Titel und Position des Ansprechpartners
- Kennt er mich?
- Weiß er, worum es geht?
- Wurde mein Anruf angekündigt?

Wie?

- Unterlagen bereithalten
- Relevante Kundeninformationen vorher einholen
- Notizblatt (Vordruck) und Schreibzeug herrichten:
  - Anrufer, Telefonnummer, wann, für wen, Inhalt?
  - Rückruf bis wann?
- Sind Sie unvorbereitet, besser zurückrufen
- Stichworte notieren
- Telefonskript mit Formulierungs-Standards

Die mentale Fitness und eine positive innere Einstellung entscheiden nicht nur im Spitzensport über Sieg oder Niederlage. Auch ein erfolgreiches Telefonat hat diese Faktoren als Basis zum Erfolg!

2. DAS BESONDERE AM TELEFON

2.1 Was unterscheidet Telefonkommunikation vom persönlichen Gespräch?

„Wenn der Müller anruft, sprich doch bitte du mit ihm, ich kann den einfach nicht riechen."

„Ich spüre da bei Ihnen noch einen Widerstand."

„Ich lese zwischen den Zeilen, dass ..."

„Ich sehe da noch ein Problem."

„Ich stelle mir das so vor."

„Das schmeckt mir gar nicht."

„Das ist mir wohl in die falsche Kehle gerutscht."

Formulierungen dieser Art verwenden wir am Telefon genauso oft wie im persönlichen Gespräch. Obwohl wir am Telefon weder sehen, riechen, schmecken oder spüren. Unsere Wahrnehmung funktioniert nun einmal grundsätzlich über alle unsere Sinne: sehen, hören, schmecken, riechen, ... Am Telefon stehen uns diese Sinne nur sehr eingeschränkt zur Verfügung. Unsere Kommunikation reduziert sich ausschließlich aufs Hören. Das reicht uns eindeutig nicht – wir „erfinden" zusätzliche Wahrnehmungsinformationen, und in unserem Kopf entstehen Bilder. Wir stellen uns den Gesprächspartner vor, wir ergänzen in unserer Vorstellung das Gehörte.

Doch manchmal spielt uns unsere Wahrnehmung einen Streich. Ist der Gesprächspartner mit der tiefen, „sexy" Stimme in Wirklichkeit tatsächlich ein Ebenbild von George Clooney? Manchmal ist die Enttäuschung groß, wenn der Gesprächspartner in natura vor uns steht. Meist sind wir überrascht, wenn wir einen oftmaligen Gesprächspartner das erste Mal vor uns sehen. Seltsamerweise idealisieren wir das Bild des anderen am Telefon. Wir „erdenken" uns ein Wunschbild, sozusagen den idealen Gesprächspartner.

Im Unterschied zum direkten Gespräch sehen wir die unmittelbare Reaktion des anderen auf unsere Aussagen nicht – runzelt er fraglich die Stirn? Zieht er plötzlich die Augenbraue hoch? Erst wenn sich ein kurzes Zögern in der Stimme erkennen lässt, erfassen wir die Reaktion des anderen. Die Wahrnehmung dieser Signale erfolgt also gewissermaßen zeitversetzt. Das macht das Telefongespräch schwieriger als das persönliche Gespräch.

2.1.1 Wie am Telefon Bilder entstehen

Wir haben ein sehr feines Gehör für Hintergrundgeräusche und machen uns so nicht nur ein Bild von unserem Gesprächspartner, sondern auch von der gesamten Umgebung und von der Situation, in der der andere gerade telefoniert. Herrscht gerade große Hektik, Feierstimmung, angespannte Stille, reger Kundenverkehr oder schreibt der andere während des Gespräches mit?

Wir hören, ob der Gesprächspartner lächelt, ob er aufrecht sitzt oder gar in seinem Büro mit dem Hörer in der Hand auf und ab geht oder gemütlich in der Hängematte liegt. Körpersprache wird auch über das Telefon wahrgenommen.

☹ **So nicht!**

Während Ihr Gesprächspartner, Herr Müller, mühsam um Worte ringt, weil er Ihnen einen für ihn wichtigen Sachverhalt erklären will, schweift Ihre Aufmerksamkeit ab: Da war doch noch etwas Wichtiges, das Sie beim heutigen Einkauf nicht vergessen wollten – am besten, Sie notieren sich gleich alles einmal. Ach ja, und da ist noch diese Mail, die Sie nur ganz kurz beantworten müssten – was soll's, bis der Kunde Müller weiß, was er eigentlich will, haben Sie das alles erledigt ... *„Sind Sie noch dran?"*

Multitasking klingt zwar dynamisch – hat aber absolut nichts mit professioneller Telefonkommunikation zu tun. Wer sich nicht voll auf seinen Gesprächspartner konzentriert, erzeugt am anderen Ende ein klares Bild: Da stört wohl der Anrufer, es gibt offensichtlich Wichtigeres zu tun – keine gute Ausgangsbasis für ein erfolgreiches Gespräch.

☞ **Tipps zum Vermeiden von „Störgeräuschen":**

- Wenn Sie während des Telefonierens die Tastatur Ihres Computers betätigen, weil Sie zum Beispiel die Kundendatei des Anrufers auf Ihren Bildschirm holen, so kommentieren Sie das auch mit einem Hinweis: *„Ich hole gerade Ihre Daten auf meinen Bildschirm, dann können wir uns den Fall gleich gemeinsam anschauen."* Damit weiß der Anrufer, dass er nach wie vor Ihre ganze Aufmerksamkeit genießt.
- Herrscht in Ihrem Büro gerade Feierstimmung, verlegen Sie Ihr Telefongespräch besser auf einen anderen Zeitpunkt oder in ein anderes Zimmer.
- Wenn Sie Ihrer Kollegin sagen wollen, dass Sie gerade einen wichtigen Kunden am Telefon haben, und sie bitten, kurz ruhig zu sein, dann vermeiden Sie es, die Hand nur über den Hörer zu legen. Der Telefonpartner kann trotzdem mithören und Sie wirken unprofessionell. Besser ist es, vorher mit der Kollegin, die im gleichen Zimmer sitzt, ein Zeichen zu vereinbaren oder kurz ein „Bitte nicht stören"-Schild aufzustellen.

- Unterbricht Sie ein Kollege trotzdem immer wieder, weil er seine Wichtigkeit genau dann unter Beweis stellen muss, wenn Sie gerade telefonieren, hilft ein Trick: Schieben Sie ihm wortlos einen leeren Block und einen Stift hin. Wer wirklich etwas Wichtiges zu sagen hat, wird es gerne notieren. Wer jedoch nur Aufmerksamkeit erregen will, wird sich schnell verflüchtigen.
- Herrscht vor Ihrem Fenster gerade reges Bautreiben, lässt sich eine gewisse Lärmbelästigung nicht ganz vermeiden. Sprechen Sie diese Störgeräusche gleich direkt an, damit ist alles geklärt und es fällt beiden leichter, sich auf den eigentlichen Inhalt des Gespräches zu konzentrieren.
- Wer gerade den letzten Bissen seines Pausensnacks verzehrt oder an seinem obligatorischen Kaugummi kaut, kann grundsätzlich über eine noch so gute Sprechtechnik verfügen – Ess- und Kaugeräusche werden am anderen Ende der Leitung stets als unangenehm wahrgenommen und haben bei einem professionellen Telefongespräch nichts verloren. Entsorgen Sie also Bonbons, Kaugummi und Ähnliches, bevor Sie abheben. Wenn Sie Pause machen und essen, dann bitten Sie einen Kollegen darum, Ihr Telefon abzuheben.
- Auffälliger Ohrenschmuck kann sich ebenfalls „klangvoll" bemerkbar machen. Wer mit dem Hörer gegen metallene Ohrringe stößt, erzeugt am anderen Ende laute, krachende Geräusche. Legen Sie daher besser Ihren störenden Ohrenschmuck ab, bevor Sie zum Hörer greifen.
- Bekämpfen Sie Ihre Nervosität oder Langeweile nicht, indem Sie mit dem Telefonkabel spielen. Das kann ebenfalls am anderen Ende zu einem unangenehmen Rauschen führen.
- Der andere hört, wenn Sie sich wegdrehen, um zum Beispiel einen Ordner aus dem Regal zu nehmen. Unterbrechen Sie das Gespräch entweder kurz oder kommentieren Sie wieder, was Sie tun: *„So, jetzt habe ich den Ordner vor mir..."*

2.1.2 Erzeugen Sie positive Bilder

Nur wenn Sie sich wohlfühlen und entspannt mit dem Telefon umgehen, entsteht auch am anderen Ende eine entspannte Atmosphäre. Zum Wohlfühlen gehört auch die richtige Kleidung. So seltsam es klingen mag, aber Farben „färben" auf die Stimmung ab. Wenn Sie also ein besonders schwieriges Telefongespräch auf dem Terminplan stehen haben, holen Sie für diesen Arbeitstag ruhig das neue Outfit aus dem Schrank. Auch wenn Sie Ihr Gesprächspartner nicht sehen kann – er spürt Ihre Selbstsicherheit und Ihre positive Ausstrahlung!

Schließen Sie ruhig während des Gespräches die Augen oder schauen Sie gerade aus – so schenken Sie Ihrem Gesprächspartner die volle Aufmerksamkeit. Er hört an Ihrer Stimme, dass Sie sich ganz auf das Gespräch konzentrieren und durch nichts und niemanden ablenken lassen. Auch ein leises Lächeln, ein leichtes Schmunzeln hört man am anderen Ende. Es schafft genau das positive Bild, das die Grundlage für ein erfolgreiches Gespräch bildet!

2.2 Ihre Stimme als Instrument

„Wenn man einem Menschen eine neue Stimme gibt, gibt man ihm auch einen neuen Charakter."
Professor Higgins in My Fair Lady

Die **menschliche Stimme** ist der durch die Stimmlippen eines Menschen erzeugte und in den Mund-, Rachen- und Nasenhöhlen modulierte Schall. Er entsteht durch das Zusammenwirken der beiden Stimmbänder im Kehlkopf und dem Ansatzrohr. Die Stimme ist somit abhängig von angeborenen Merkmalen, wie der Länge der Stimmbänder sowie der Größe und Lage von Mund-, Rachen- und Nasenhöhle.

Ihre Stimme wirkt am Telefon wie eine Klimaanlage: Ist sie rau, dünn und flach, so kühlt die Atmosphäre deutlich ab. Ist sie jedoch lebhaft, hell und warm, wird auch die Stimmung während des Telefongesprächs wohlig und angenehm. Es kommt also auf Ihre Stimme an. Doch gerade diese Stimme wird aus technischen Gründen selbst bei modernsten Telefonanlagen verändert. Nur ein Teil des Stimmklanges wird an das andere Ende übertragen.

Trotzdem – am Telefon zählt Ihre Stimme: Sie ist Ihr Kapital, Ihr Ausdrucksmittel! Stimme erzeugt Stimmung – und eine positive Stimmung ist die Grundlage für ein gutes und somit auch erfolgreiches Gespräch. Eine gute Stimme kann sogar ein schwaches Argument wettmachen.

✍ Selbstcheck: Was macht eine gute Telefonstimme aus?

Kreuzen Sie an, was Ihnen wichtig erscheint:

	richtig	unrichtig
1. Sprechen Sie immer möglichst laut – Sie wollen ja verstanden werden.	❍	❍
2. Passen Sie Ihre Lautstärke nicht an Ihren Gesprächspartner an, wahren Sie Ihre Individualität.	❍	❍
3. Sprechen Sie möglichst nah am Hörer.	❍	❍
4. Machen Sie Pausen.	❍	❍
5. Sprechen Sie nie im Dialekt.	❍	❍
6. Heben und senken Sie Ihre Stimme nicht – das wirkt übertrieben.	❍	❍
7. Etwas Distanz in der Stimme wirkt souverän und selbstsicher.	❍	❍

Wenn Sie die Fragen 3 und 4 als richtig und den Rest als unrichtig entlarvt haben, zählen Sie schon zu den „Tonmeistern“ am Telefon. Wenn Sie sich bei einigen Punkten nicht so ganz sicher sind, haben wir für Sie in diesem Buch viele Tipps parat.

2.2.1 Ursachen für Stimmstörungen

- Angst und Unsicherheit bewirken Stress. Stress schlägt sich auf die Stimme, sie klingt gepresst und dünn.
- Auch bei Überanstrengung und Müdigkeit entsteht dieser Stressfaktor für die Schleimhäute: Sie beenden ihre Produktion, und die Stimmwandkanten, die sich beim Sprechen mehrere tausendmal berühren, trocknen aus. Dem Sprecher bleibt im wahrsten Sinne des Wortes die „Spucke weg“.
- Eine zu geringe Luftfeuchtigkeit im Raum und schlecht eingestellte Klimaanlagen verursachen ebenfalls ausgetrocknete Schleimhäute.
- Wenn Sie sich räuspern oder husten, belastet das die Stimme zusätzlich und sie wird kratzig.
- Einen ähnlichen Ermüdungseffekt hat zu lautes, zu hohes, gepresstes oder geflüstertes Sprechen.
- Rauchen, Alkohol sowie zu reichhaltiges und scharfes Essen wirken sich ebenfalls negativ auf Ihre Stimmbänder aus.
- Manche Menschen artikulieren nachlässig. Durch Nuscheln und Verschlucken von Endsilben wird das Verstehen jedoch erschwert.

2.2.2 Stimmhöhe und Sprechgeschwindigkeit

Jeder Mensch verfügt über einen bestimmten Stimmumfang von tief bis hoch. Innerhalb dieses Gesamtstimmumfanges gibt es einen bestimmten Tonhöhenbereich, innerhalb dem es möglich ist, ohne allzu große Anstrengung zu sprechen. Diesen Bereich nennt man Hauptsprechtonbereich. Hier ist die Stimme besonders modulationsfähig. Sie müssen sich weniger räuspern, werden nicht so schnell heiser und die Muskulatur, die zum genauen Artikulieren erforderlich ist, muss weniger angespannt werden. Daher klingt die Stimme in dieser Tonlage am angenehmsten und entspanntesten.

✍ Selbstcheck: Wie finden Sie nun Ihren Hauptsprechtonbereich? Dazu eine kleine Übung:

Denken Sie an Ihre Lieblingsspeise. Bei dieser Vorstellung kann ein bequemer, anerkennender Brummton erzeugt werden. Dieser Ton markiert die unterste Grenze des idealen Sprechtonbereichs. Prägen Sie sich diesen Ton gut ein. Aus diesem Ton können Sie nun in ein (zimmerlautstarkes) „A“ übergehen. Legen Sie eine Hand auf den Brustkorb und spüren Sie die Vibrationen. Versuchen Sie nun, die Tonhöhe so zu verändern, dass Sie die Vibrationen des Brustkorbs besonders intensiv spüren. So sprechen Sie mit dem „Brustton der Überzeugung“. Üben Sie diesen Brustton – er sollte zur Routine für Ihre Telefonstimme werden.

Grundsätzlich vermittelt eine eher tiefe Stimme ein Gefühl von Vertrauen; sie wirkt glaubhaft, kompetent, beruhigend und sachlich. Sie lässt uns auf Erfahrung schließen. Allerdings kann sie auch zu monoton und einschläfernd wirken. Eine zu laute tiefe Stimme vermittelt einen dominanten, polternden und aggressiven Eindruck. Eine zu langsame und leise Sprechweise dagegen wirkt einschläfernd, monoton und ist schwerer verständlich. Eine hohe Stimme vermittelt einen eher unsicheren, inkompetenten, hektischen oder sogar hysterischen Eindruck. Sie wirkt jung, unerfahren, schüchtern und ängstlich. Wird außerdem noch leise gesprochen, verstärkt dies den negativen Eindruck noch zusätzlich.

Die richtige Sprechgeschwindigkeit ist für die Wirkung der Stimme ebenfalls von großer Bedeutung. Wer zu schnell spricht, wird schwer verstanden. Außerdem wird die Stimme bei schnellem Sprechen immer höher und piepsiger. Ist das Sprechtempo allerdings zu langsam, wirkt die Stimme leicht einschläfernd und monoton. Eine tiefe Stimme wirkt dadurch noch tiefer.

☞ **Tipp:**

Wer eine eher hohe Stimme hat, sollte daher bewusst etwas langsamer und lauter sprechen; dadurch wirkt die Stimme dunkler und angenehmer. Sie gewinnen so an Ausstrahlung und wirken selbstsicherer.

Wer jedoch eine eher tiefe Stimme hat, sollte bewusst etwas schneller und leiser sprechen. Dadurch gewinnt die „Brummstimme“ an Dynamik und klingt weniger monoton.

Passen Sie Ihr Sprechtempo an das Ihres Gesprächspartners an. Wenn er selber langsam spricht, wird er das von Ihnen Gesagte auch besser aufnehmen, wenn Sie in seinem Tempo sprechen. Profis versuchen, den Partner zu „spiegeln“, das heißt sich ihm möglichst anzupassen, um eine gemeinsame Wellenlänge zu erreichen.

Vermeiden Sie es, plötzlich schneller zu sprechen – das lässt nämlich auf Unsicherheit schließen. Wer unvermittelt sprachlich zu rasen beginnt, ist auf der

Flucht. Im Idealfall variieren Sie Ihr Sprechtempo immer wieder. So kommt Abwechslung in Ihre Stimme, und es wird einfacher, auch längeren Sprechpassagen konzentriert zu folgen.

Besonders die Begrüßung, Ihren Namen und Firmennamen sollten Sie langsam und deutlich aussprechen.

☹ **So nicht!**

Fräulein Fleißig greift nun schon zum 35. Mal an diesem Tag zum Hörer:

„Guten Tag, Firma Drucktech, Fleißig, ich hätte da ...“

Und was versteht der erstaunte Kunde?

„N'Tag, Firma Duckdichfleißig, ...“

2.2.3 Lautstärke, Sprechrhythmus und Betonung

Die optimale Lautstärke am Telefon ist etwas lauter als in einem direkten Gespräch, da die Technik einiges an Intensität wegfiltert. Achten Sie aber darauf, dass Ihr Gespräch nicht zur Lärmattacke für den anderen wird. Wer schreit, hat meist unrecht und wirkt aggressiv. Wer zu leise spricht, wirkt unsicher und nervös. Außerdem ist es dem Telefonpartner extrem unangenehm, wenn er mehrmals nachfragen muss: *„Was haben Sie eben gesagt?“*

Eine eintönig-monotone Stimme erzeugt Langeweile. Eine übertrieben „auf- und abbewegte“ Stimme erzeugt dagegen Misstrauen. Wer zu pathetisch spricht, wirkt unehrlich und übertrieben. Sprechen Sie daher möglichst natürlich, mit allen Auf und Abs. Satzzeichen kann man ruhig hören! Bedenken Sie aber, dass das Telefon vieles „wegfiltert“. Die fragend hochgezogenen Augenbrauen sieht der andere nicht. Sie können daher ruhig ein bisschen übertreiben!

Wichtig ist das Einlegen von Pausen. Geben Sie Ihrem Gesprächspartner die Chance, das Gehörte zu verdauen und selbst zu sprechen. Sie wollen ihn ja nicht niederreden, sondern auf seine Bedürfnisse eingehen. Pausen helfen Ihnen, das Gespräch zu strukturieren und übersichtlicher zu machen. Richtig eingesetzte Pausen erzeugen Spannung und Aufmerksamkeit!

2.2.4 Die richtige Atmung

Ihre Stimmwerkzeuge kommen nur dann zum Klingen, wenn Sie auf die richtige Atmung achten. Sie gibt der Stimme Luft und haucht ihr erst Leben ein.

Ein erwachsener Mensch macht cirka 14 bis 18 Atemzüge pro Minute und atmet dabei cirka 500 Milliliter Luft pro Atemzug ein. Die Atmung besteht grundsätzlich aus drei Phasen:

- dem Einatmen,
- dem Ausatmen und
- der Atemruhe.

In der Hektik des Berufsalltages wird gerade die dritte Phase vernachlässigt. Sie wird erst beim Entspannen, im Liegen oder kurz vor dem Einschlafen bewusst erlebt. Doch gerade in dieser Phase tankt Ihre Stimme die nötige Energie.

Die Atmungsorgane	**Ihre Aufgaben**
Nase	Sie ist der Filter für Schmutz und zuständig für die Erwärmung und Anfeuchtung der Atemluft sowie der Schleimhaut. Damit ist also auch die Nase mit für die Stimme verantwortlich.
Kehlkopf	Der Kehldeckel verschließt beim Atmen die Speiseröhre und beim Essen die Luftröhre. Die Stimmbänder sind im Kehlkopf nicht angespannt. Dieses Organ ist somit zentral für die Stimmbildung.
Luftröhre	Ein elastisches Rohr, gestützt durch hufeisenförmige Knorpelspangen, verbindet den Kehlkopf und die Bronchien. Die Luftröhre ist cirka zwölf Zentimeter lang und verläuft im mittleren Brustraum vor der Speiseröhre.
Lunge	Die Lunge besteht aus einem rechten und einem linken Lungenflügel. In den Lungenflügeln befinden sich die Bronchien, die sich zum Bronchialbaum verästeln. Die kleinste Einheit der Lunge bilden die Lungenbläschen, in denen schlussendlich der Gasaustausch zum Blut erfolgt.

Brustatmung und Bauchatmung

Den durch Bewegungen des Brustkorbes dominierten Atmungstyp nennt man Brustatmung. Der Brustkorb wird erweitert, indem die Rippen durch die äußere Zwischenrippenmuskulatur angehoben werden. So strömt Luft in die Lunge.

Der Brustkasten hebt und senkt sich. Diese Form der Atmung verläuft schnell zu flach, weil zu wenig Luft in die Lunge gelangt, wodurch die Stimme gepresst klingt.

Die Bauchatmung oder auch Zwerchfellatmung ist die bessere, ruhige Atmungsform. Das Einatmen erfolgt bei der Bauchatmung durch das Zusammenziehen des Zwerchfells und ein Nachgeben der Bauchmuskulatur. Dadurch dehnt sich die Lunge aus, wodurch Luft angesaugt wird. Das Ausatmen erfolgt bei dieser Atemtechnik durch das Entspannen des Zwerchfells, wodurch sich die Lunge aufgrund der Eigenelastizität zusammenzieht und die Luft „auspresst". Bewusst kann die Ausatmung durch die Anspannung der Bauchmuskeln unterstützt werden. Diese Form der Atmung wird unbewusst eingesetzt, wenn der menschliche Körper entspannt ist, beispielsweise beim Sitzen oder Schlafen. Sie ist daher die gesündeste Form der Atmung. Und sie ist die optimale Voraussetzung für eine gute Stimme.

Für die Stimme wichtig ist auch das Einsaugen der Atemluft durch die Nase, weil nur so die Luft mit Feuchtigkeit angereichert wird und ein Austrocknen der Schleimhäute verhindert wird. Wer am Telefon immer hektischer wird und nur mehr eine flache Brustatmung anwendet, der beginnt dann auch, Atemluft durch den Mund aufzunehmen – und so kommt es leicht zum berühmten „Frosch im Hals".

Hektisches Einatmen vor dem Abheben des Telefonhörers wirkt sich ebenfalls negativ auf die Stimme aus. Sie müssen nicht zu tief Luft holen; die vorhandene Atemluft reicht allemal für einen sicheren Sprechbeginn. Ausatmen ist gerade in Stresssituationen wichtiger als Einatmen!

☞ **Tipp: Seufzen Sie öfter!**

Die tiefen Atemzüge beim Seufzen entspannen. Sie wirken auf das Atemkontrollzentrum im Gehirn wie ein „Reset-Befehl": Der Atemrhythmus wird regelmäßig und die Lungenfunktion trainiert. Seufzen entspannt die Muskulatur und lockert das Zwerchfell. Dadurch klingt die Stimme sofort tiefer und voluminöser.

Und so funktioniert's: Ziehen Sie beim Einatmen die Schultern kräftig hoch, schließen Sie die Augen und lassen Sie die Schultern mit einem gut hörbaren, tief empfundenen Seufzer wieder hinunterfallen. Wiederholen Sie das Ausseufzen. Achten Sie dabei besonders auf den Moment danach – spüren Sie Ihrem Atem nach! Genießen Sie die innere Stille, die sich in Ihnen ausbreitet, genießen Sie die „Atemruhe"!

2.2.5 Weitere Tipps für die Stimmpflege

- Legen Sie regelmäßig Bildschirmarbeitspausen ein. Das entlastet auch Ihre Stimme, weil sich die Körperhaltung entspannen kann und Ihre Konzentrations- und Leistungsfähigkeit erhöht wird.

- Achten Sie auf eine Luftfeuchtigkeit von cirka 50 Prozent im Raum. Luftbefeuchter, Pflanzen und häufiges Lüften helfen dabei.
- Trinken Sie genügend, und zwar mindestens zwei Liter pro Tag – vor allem Wasser ohne Kohlensäure oder Kräutertees. Auch heißes Wasser hat sich als Stimmungsmacher bewährt.
- Bei Heiserkeit gurgeln Sie mit Salbeitee und greifen Sie zu Magnesium- und Meersalztabletten (Emser-Pastillen) statt zu scharfen Mentholbonbons, die nur dazu führen, dass Sie weiter austrocknen.
- Bleibt Ihnen plötzlich die Spucke weg, denken Sie ganz intensiv an eine Zitrone: Allein der Gedanke an das Gefühl, das entsteht, wenn Sie in diese saure Frucht beißen, bewirkt eine sofortige vermehrte Speichelproduktion.
- Vergessen Sie vor allem nicht auf Pausen beim Sprechen. Sie unterstreichen so die Wirkung Ihrer Worte, und Ihre Stimme wirkt wesentlich überzeugender und frischer.
- Ein zwischenzeitliches Summen in einem entspannten, tiefen Summton regeneriert die Stimme und lässt sie ihre wahre Stimmlage wiederfinden.

2.2.6 Stimmübungen

Die Stimme lässt sich nicht nur pflegen, sie lässt sich auch trainieren. Die folgenden Anregungen sollen dazu dienen, Ihre Stimme fit zu machen. So macht der Einsatz dieses wichtigen Instrumentes am Telefon auch viel mehr Spaß.

- Atmen Sie zunächst sehr langsam aus und dann wieder ein. Legen Sie jetzt Ihre Lippen leicht aufeinander, ohne sie zusammenzupressen. Während Sie nun die Luft langsam aus der Nase entweichen lassen, summen Sie laut und kräftig „hmmm". Halten Sie den Ton so lange, wie Ihre Atemluft reicht. Dann atmen Sie wieder ein und wiederholen den Vorgang noch zweimal. Sie sollten dabei ein leichtes Kribbeln in den Lippen spüren. In Ihrem „Resonanzkörper" Kopf sollte es vibrieren und summen wie in einem Bienenstock.
- Stehen Sie mit leicht geöffneten Beinen locker aufrecht. Legen Sie jetzt den Kopf in den Nacken. Sprechen Sie jetzt ein „O" in Ihrer mittleren Stimmlage, nicht zu hoch und nicht zu tief. Ohne den Ton zu unterbrechen, senken Sie nun den Kopf nach vorne, mit dem Kinn Richtung Brust, wobei Sie eine Pause in der aufrechten Mittelposition einlegen. Dann wiederholen Sie den Vorgang in die umgekehrte Richtung, also von vorne nach hinten. Hören Sie bewusst auf die unterschiedliche Tonqualität und versuchen Sie herauszufinden, in welcher Mittellage der Ton am „besten" klingt. Wer Lust hat, kann diese Übung auch noch mit den anderen Vokalen wiederholen.
- Trainieren Sie Ihre Stimm-Atmungstechnik, indem Sie möglichst ohne Flackern und Stottern 40 Sekunden lang ausatmen und ein „Sch" von sich geben.

- Erfrischen Sie Ihre Stimme, indem Sie einen Stift quer in den Mund nehmen. Sie ziehen dabei automatisch die Mundwinkel in die Höhe. Sprechen Sie jetzt trotz des Hindernisses zwischen Ihren Lippen einen oder mehrere der folgenden Sätze laut aus:
  - „Auf dem Türmchen steht ein Würmchen mit dem Schirmchen unterm Ärmchen. Kommt ein Stürmchen, bläst das Würmchen mit dem Schirmchen von dem Türmchen."
  - „Bald blüht breitblättriger Wegerich, breitblättriger Wegerich blüht bald."
  - „Ein krummer Krebs kroch über eine kürbisgroße, grasgrüne, krumme Schraube."
  - „Ein stolzer Student stieß an einen spitzen Stein und stolperte sturzbetrunken in den Spritzteich."
  - „Es kann vorkommen, dass die Nachkommen mit dem Einkommen nicht auskommen und daran umkommen."
  - „Es saßen zwei zischende Schlangen zwischen zwei spitzen Steinen und zischten sich zärtlich zu."
  - „Es klapperten die Klapperschlangen, bis ihre Klappern schlapper klangen."
  - „Fischers Fritze fischt frische Fische. Frische Fische fischt Fischers Fritze."
  - „Keine kleinen Kinder können Kirschenkerne knacken. Kirschenkerne können auch keine kleinen Kinder knacken."
  - „Schneiders Schere schneidet schnell."
  - „Vor dem Scheibenschießschützhaus schätzen Schützen Scheibenschießdistanzen."
- Eine weitere gute Übung ist es, wenn Sie diese Sätze laut vorlesen, am besten gegen ein Hintergrundgeräusch, wie Radio- oder Maschinengeräusche. Wer will, kann den einen oder anderen Satz auswendig lernen und unter der Dusche laut und deutlich wiederholen.

2.3 Die richtige Körperhaltung

Die Hände um die Stuhllehne geschlungen, die Füße gemütlich auf der PC-Tastatur, den Kopf nach hinten gelegt und den Blick Richtung Decke ... Oder doch lieber vorne übergebeugt im Yogasitz mit geschlossenen Augen?

Emotionen drücken sich auch durch die Körperhaltung aus. Die Körperhaltung beeinflusst wiederum die Stimme. Unterschiedliche Körperhaltungen haben somit auch „unterschiedliche Stimmen". Wichtig ist, dass Sie beim Telefonieren eine bequeme und entspannte Körperhaltung wählen. Gerade in Stress-Situationen beugt man sich gerne nach vorne, wodurch die Stimme plötzlich gepresst klingt. Doch der andere hört Ihre Anspannung!

Eine aufrechte Körperhaltung unterstützt das Zusammenspiel von Atmung und Stimmgebung. Achten Sie darauf, dass Ihr Oberkörper möglichst gerade ist: Nur so ist der Resonanzkörper Brustkasten möglichst groß, und Ihre Stimme klingt tiefer, voller und somit angenehmer. Der vergrößerte Resonanzkörper sorgt nämlich dafür, dass Ihre Stimme mehr Ober- und Untertöne bekommt. Ein abgeknickter Hals oder ein vorgebeugter Oberkörper „unterbricht" den Resonanzkörper mit der Folge, dass Ihre Stimme gepresst klingt – ganz so, als würde ein Querflötenspieler sein Instrument in der Mitte abknicken.

Übung:

Wer die Wirkung der Körperhaltung auf die Stimme testen möchte, sollte einen beliebigen Satz laut in unterschiedlichen Körperpositionen aussprechen: einmal weit zurückgelehnt, einmal möglichst aufrecht, einmal weit vorgelehnt, einmal im Stehen und einmal im Liegen. Sie werden überrascht sein!

Für die perfekte Körperhaltung am Telefon sorgen Sie unter anderem durch die Auswahl eines ergonomischen Mobiliars. Stühle sollten ein bequemes Sitzen ermöglichen, und Sie sollten beide Beine mit der vollen Fußfläche auf den Boden stellen können, ohne die Knie um mehr als 45 Grad abwinkeln zu müssen.

Als alternative Sitzgelegenheiten bieten sich auch Sitzkissen und Gymnastikbälle an. Optimal sind Arbeitsplätze, bei denen Sie abwechselnd sitzen und stehen können – zum Beispiel mit einem eigenen Stehpult zum Telefonieren. Wichtig ist auf alle Fälle, dass Sie Ihre Position häufig verändern, in Bewegung bleiben und so auch Ihre Stimme lebendig halten.

Neben der Wirkung auf Ihre Stimme geht es aber auch um die Selbstsicherheit, die Sie mit Ihrer Haltung ausdrücken. Wer aufrecht und unter Ausnutzung der gesamten Sitzfläche auf seinem Stuhl sitzt, verleiht seinen Worten einen viel größeren Nachdruck.

Noch effektiver: Stehen Sie besonders bei schwierigen Gesprächen auf! So haben Sie einfach mehr „Standpunkt". Wer über ein Schnurlostelefon verfügt, kann zusätzlich auch noch auf und ab gehen. So bauen Sie Spannungen ab und Ihre Stimme klingt dynamischer. Allerdings sind hier keine Sprintübungen oder Treppensteigen gemeint – ins Keuchen kommen sollten Sie nicht!

Unterstreichen Sie Ihre Argumente ruhig auch am Telefon mit der entsprechenden Körpersprache – das wirkt lebendig und verleiht dem Gesagten ebenfalls mehr Nachdruck. Je mehr das Gespräch am Telefon einem persönlichen Gespräch von Angesicht zu Angesicht ähnelt, umso besser!

☞ **Tipp:**

In vielen Telefonseminaren wird empfohlen, sich neben das Telefon einen Spiegel zu stellen und vor, während und nach dem Telefonat immer seinem Spiegelbild zuzulächeln. Aus unserer Sicht sollten Sie immer nur dann lächeln, wenn Ihnen auch danach ist. Sonst „erstarrt" Ihr Lächeln zur Maske, wird zum „Haifischgrinsen" und führt weder bei Ihnen noch bei Ihrem Gesprächspartner zur Verbesserung der Stimmung. Lächeln Sie daher bitte immer nur dann, wenn Ihnen danach ist. So wirkt Ihr Lächeln echt – man hört es, auch durchs Telefon!

2.4 Die richtige Hörerhaltung

Wie der Ton durch die Leitung ans andere Ende gelangt, hängt auch von der Art und Weise ab, wie Sie den Telefonhörer halten. Je näher am Mund sich der Mikrofonteil befindet, desto ungefilterter gelangt der Ton zum Empfänger. So gewinnt zwar Ihre Stimme einerseits an Intensität und Wirkung, andererseits wird jedoch jedes Räuspern und Kratzen in der Stimme überdeutlich vernehmbar. Der Gesprächspartner hört auch jede Änderung Ihrer Körperposition: Wenn Sie sich zum Beispiel während des Gespräches wegdrehen, weil Sie sich einem Besucher oder Kollegen zuwenden, vermittelt dies den Eindruck, dass der Telefon-Gesprächspartner nicht mehr die erste Geige spielt.

Besonders störend empfindet man am anderen Ende das Zuhalten des Sprechteils am Hörer mit der flachen Hand: Meist hört man nämlich trotzdem weiter mit, was der andere gerade sagt. Allerdings gedämpft, verzerrt und fast bedrohlich. Man fühlt sich „weggeschoben". Achten Sie also auf eine konstante Entfernung zwischen Hörer und Mund. So wird das Gespräch nicht durch unnötige „Stimmungsschwankungen" gestört.

Telefon-Headset

Leiden Sie auch oft unter unangenehmen Nackenverspannungen und damit verbundenem Kopfweh? Dann beobachten Sie einmal Ihr Telefonverhalten: Vielleicht „entsorgen" Sie Ihren Telefonhörer, indem Sie ihn zwischen Kopf und Schulter einklemmen, während Sie mitschreiben oder Ihren Computer bedienen. Abhilfe schafft hier ein Telefon-Headset, eine Kombination eines Komfort-Kopfhörers mit einem leistungsstarken Mikrofon.

Die Vorteile eines Headsets:

- Die Hände bleiben frei, so können Sie ungehindert die PC-Tastatur bedienen oder mitnotieren.
- Der Gesprächspartner hört nicht, wenn Sie sich wegdrehen, um den Kundenordner aus dem Regal hinter Ihnen zu holen.
- Hintergrundgeräusche werden weggefiltert; der andere hört keine störenden Umgebungsgeräusche (Noise Cancelling).

- Sie können sich voll auf das Gespräch konzentrieren und werden nicht von anderen Geräuschen abgelenkt, weil das Gehirn konzentrierter und effizienter arbeiten kann. Jeder Mensch hört nämlich mit seinen beiden Ohren unterschiedlich gut; jeder hat ein dominantes „Leitohr", das die jeweils entgegengesetzte Gehirn- und Körperhälfte steuert und beeinflusst. So aktiviert jemand, der mit dem rechten Ohren telefoniert, seine linke Gehirnhälfte und damit seine logischen und analytischen Fähigkeiten. Die Fähigkeiten der jeweiligen anderen Gehirnhälfte können so nicht entsprechend zum Einsatz kommen. Mit einem Headset werden beide Ohren gleichwertig einbezogen, und damit auch beide Gehirnhälften. Damit wird unter anderem die Aufmerksamkeit für Zwischentöne wie Gefühle und Details verstärkt.

☞ **Tipp:**

Lassen Sie sich Zeit bei der Auswahl des richtigen Headsets. Sie müssen sich damit rundum wohlfühlen, es muss ohne Druck am Kopf sitzen und darf auch bei längerer Benutzung nicht stören.

2.5 Ein kleiner Stimmungstest

✍ Selbstcheck: Welche Stimmung erzeugt Ihre Stimme?

Versuchen Sie sich selbst einzuschätzen und bitten Sie dann einen Freund, mit dem Sie oft telefonieren, Ihre Stimme ehrlich (!) zu beurteilen.

	3	2	1	0	1	2	3	
anregend, dynamisch	❍	❍	❍	❍	❍	❍	❍	monoton
höflich	❍	❍	❍	❍	❍	❍	❍	ablehnend
mitfühlend	❍	❍	❍	❍	❍	❍	❍	distanziert, kühl
selbstsicher	❍	❍	❍	❍	❍	❍	❍	unsicher
unterwürfig	❍	❍	❍	❍	❍	❍	❍	überheblich, dominant
konzentriert	❍	❍	❍	❍	❍	❍	❍	abwesend
optimistisch	❍	❍	❍	❍	❍	❍	❍	resignierend
ruhig	❍	❍	❍	❍	❍	❍	❍	nervös
natürlich	❍	❍	❍	❍	❍	❍	❍	gekünstelt
sympathisch	❍	❍	❍	❍	❍	❍	❍	unsympathisch

Vergleichen Sie anschließend beide Profile miteinander.

Lassen Sie Ihre Stimme von Zeit zu Zeit „durch diesen Raster laufen". Versuchen Sie so, Schwachpunkte zu erkennen und schrittweise zu verbessern – man wird ja auch nicht von heute auf morgen Opernsänger!

2.6 Das Mobiltelefon – Hilfe oder Hemmnis?

Das Mobiltelefon hat unsere Kommunikation revolutioniert. Es ist praktisch, dynamisch und aus unserem täglichen Leben nicht mehr wegzudenken. Wir sind immer und überall erreichbar, kein Ort mehr, wo das verräterische Klingeln nicht zu vernehmen ist. Wir können mit Freisprechanlagen und Headsets bei so gut wie jeder anderen Tätigkeit gleichzeitig telefonieren, mailen, SMSen, fotografieren etc.

Einen Haken hat die Sache aber: Der Telefonpartner hört alle Nebengeräusche – egal, ob auf der Straße, in der Bahn oder im Schwimmbad. Er wird von diesen Geräuschen gehörig abgelenkt. Die gegenseitige Verständigung leidet. Die Tonqualität erinnert nicht selten an die Radiosendungen der Frühzeit des Radios: mehr Rauschen als Worte! Der Anrufer zieht aus den Hintergrundgeräuschen seine eigenen Rückschlüsse. So liefert der mobile Telefonierer jede Menge unfreiwilliger Zusatzinformationen und gibt Anlass zu Spekulationen.

Am schlimmsten sind jedoch die Hintergrundgeräusche dann, wenn sie dem Anrufer das Gefühl geben, er spielt in der Aufmerksamkeit des anderen nur eine Nebenrolle. Wer gerade mit Handgepäck, Ticket und Passkontrolle kämpft, widmet auch wirklich nur einen geringen Teil seiner Aufmerksamkeit seinem Telefonpartner!

Wer so immer wieder zum „Simultant" wird, sollte einmal hinterfragen, ob er wirklich immer rund um die Uhr erreichbar sein muss. Verlangt das der Chef wirklich, oder glaube ich nur, dass das von mir erwartet wird? Gönnen Sie sich einfach von Zeit zu Zeit den Luxus der Unerreichbarkeit!

☞ **Tipps für das Telefonieren mit Mobiltelefon:**

- Konzentrieren Sie sich noch bewusster auf den Gesprächspartner.
- Bedenken Sie, dass Ihr Gesprächspartner am Mobiltelefon möglicherweise keine schriftlichen Unterlagen vor sich hat und auch nichts notieren kann.
- Wenn benötigte Unterlagen fehlen: Bieten Sie lieber einen Rückruf an, als so ein Gespräch zum unnötigen „Zeitkiller" werden zu lassen!
- Ist die Verbindung so schlecht, dass Sie Mühe haben, den anderen zu verstehen, bitten Sie mit dem Hinweis auf die schlechte Verbindung um einen späteren Anruf.
- Sagen Sie im Sinne des anderen nicht: *„Ich kann* Sie *nicht verstehen."* (Emotionale Formulierung)

- Besser ist die Formulierung: *„Ich kann Sie akustisch/aufgrund der schlechten Verbindung nicht verstehen."* (Sachliche Formulierung)
- Erkundigen Sie sich immer, ob der andere gerade ungestört telefonieren kann. Aber bitte nicht mit dem Killersatz: *„Störe ich?"* Wer sich selbst mehrmals täglich als Störung bezeichnet, wird sich irgendwann zu sehr mit dieser „Rolle" identifizieren und bleibt auch so im Gedächtnis des Gesprächspartners verhaftet. Fragen Sie beispielsweise, ob es jetzt günstig ist, den Punkt A zu besprechen.
- Wer hört noch mit? Achtung Freisprechanlagen! Frage: *„Ist es möglich, diesen Punkt jetzt zu besprechen?"*
- Wiederholen Sie das Besprochene noch einmal besonders deutlich.
- Bieten Sie an, die besprochenen Fakten in einem E-Mail zusammengefasst an den Gesprächspartner zu senden.
- Klären Sie mit Ihrem/n Chef/Mitarbeitern/Kollegen genau, in welchen Situationen Sie seine/ihre Mobilnummer weitergeben dürfen.
- Wählen Sie Ihren Klingelton bewusst aus: Er verrät oft mehr über seinen „Besitzer", als diesem lieb ist. Wer beruflich als professionell und seriös eingestuft werden will, sollte auf Musik als Klingelton verzichten - egal, ob es sich dabei um den Triumphmarsch aus Aida oder eine Heavy-Metal-Nummer handelt.
- Bei Besprechungen, Essen etc. sollten Sie Ihr Handy unbedingt abschalten.
- Müssen Sie aus einem wichtigen Grund wirklich erreichbar bleiben, sprechen Sie diesen Umstand gleich zu Beginn an. Stellen Sie das Telefon nach Möglichkeit auf lautlos.
- Eingeschaltete Handys sollten immer nur mit aktivierter Tastensperre ins Jackett gesteckt werden. Nicht selten löst eine Berührung den Anruf einer gespeicherten oder zuletzt angerufenen Nummer aus. Der so Angerufene kann nun unfreiwilliger Ohrenzeuge des gerade stattfindenden Gesprächs werden.
- Am Mobiltelefon werden viel seltener Entscheidungen getroffen als am Festnetz! Bitten Sie daher bei wichtigen Gesprächen lieber um einen ungestörten Anruf im Büro!

Ihr Mobiltelefon setzen Sie dann optimal ein, wenn der andere gar nicht merkt, dass Sie „mobil" telefonieren.

2.7 Wenn das Internet klingelt

Die Möglichkeiten, via Internet zu telefonieren, haben sich in der letzten Zeit enorm entwickelt.

Wie es funktioniert:

VoIP oder Voice over Internet Protocol bedeutet so viel wie „Stimme oder Sprachübertragung über das Internet Protocol".

Im Unterschied zum klassischen Telefonieren erfolgt dabei die Sprachübertragung nicht mehr über die herkömmlichen Telefonnetze (PTSN, ISDN), also von einer stehenden Verbindung zur anderen, sondern digital über das Internet. Bei der herkömmlichen Technik stellt eine Telefonfirma sozusagen die Infrastruktur für das Gespräch zwischen den beiden Teilnehmern zur Verfügung. Weil ein Gespräch aber immer auch aus Pausen besteht und meist nur ein Teilnehmer spricht, wird dabei im Prinzip viel Bandbreite „verschwendet". Das Telefonieren über das Internet funktioniert dagegen mit dem sogenannten „Paket Switching". Jeder Laut wird dabei im Prinzip in ein Datenpaket verpackt, gemäß Internetprotokoll (IP) adressiert und so ins Netz geschickt. Somit ist keine konstante offene Verbindung notwendig, sodass mit dieser Technologie mehrere Gespräche gleichzeitig abgewickelt werden können. Telefonkommunikationsanbieter sparen so Kosten, da sie nur mehr ein Netzwerk für alle möglichen Dienste unterhalten müssen. Das erklärt auch, warum das Telefonieren innerhalb des IP-Netzes extrem billig beziehungsweise meist überhaupt gratis ist. Die VoIP-Anbieter sind vergleichbar mit den E-Mail-Providern für die elektronische Post; sie leiten die Anrufe weiter und nehmen sie entgegen. Es gibt mittlerweile eine Vielzahl von Anbietern, die länderübergreifend arbeiten.

Was Sie dafür benötigen:

- Einen Computer mit Soundkarte (diese ist in so gut wie jedem modernen Rechner enthalten).
- Eine Internetverbindung: nach Möglichkeit ein Breitbandanschluss (DSL), weil Modem- oder ISDN-Verbindungen zu langsam sind.
- Eine VoIP-Software, die Sie einfach auf Ihrem PC installieren können. So können Sie sich zum Beispiel die Software von Skype, einem der größten weltweiten Anbieter, über www.skype.com kostenlos herunterladen und sich unter einem User-Namen registrieren lassen.
- Ein im PC eingebautes Mikrofon und einen Lautsprecher, noch besser ein Headset mit Kopfhörer und Mikrofon, da Sie so Rückkoppelungen zwischen Lautsprecher und Mikrofon vermeiden können.
- Wenn beide Gesprächspartner dieselbe Software benützen, fallen keine zusätzlichen Kosten an, mit Ausnahme der monatlichen Gebühren für den

Internet-Breitbandanschluss (bei Flatrate, also bei einem monatlichen Pauschalbetrag, unabhängig von der Dauer und der übertragenen Datenmenge).

Zusätzliche Varianten:

- **VoIP per Telefonadapter**: Wer nicht gerne über den Computer direkt telefonieren will, kann zu dieser Lösung greifen. Dafür wird eine kleine Box, ein Adapter, zwischen den Internetzugang und das analoge Telefon angeschlossen. Diese Box bekommt eine eigene Telefonnummer zugeteilt. Die Gebühren sind trotzdem niedriger als bei einem herkömmlichen Telefonanschluss.
- **VoIP per IP-Telefon**: Ein IP-Telefon sieht aus wie ein normales Telefon, verfügt aber im Unterschied dazu über einen Netzwerkanschluss. So wird man direkt mit dem Router verbunden. Dies muss vom Anwender konfiguriert werden.
- **Video-Plugins**: Mithilfe einer im PC integrierten oder einer externen Kamera können Sie auch Video-Telefonate führen. Die Übertragungsqualität ist mittlerweile hervorragend.
- **Viele VoIP**-Anbieter offerieren auch noch zusätzliche Servicedienste, wie z. B. einen Anrufbeantworterdienst und die Möglichkeit des Austausches von Sofortnachrichten und Datensenden.

Nachteile und Gefahren:

- Anrufe in herkömmliche Netze sind derzeit oft teurer.
- Die Erreichbarkeit bei der Basisvariante (ohne Adapter oder IP-Telefon) ist eingeschränkt, da Sie nur erreichbar sind, wenn Sie auch am PC sitzen und mit dem Internet verbunden sind.
- Die Notfallnummern können nicht gewählt werden.
- Manchmal ist die Übertragungsqualität schlecht, wodurch es zu einer abgehackten, immer wieder unterbrochenen Tonübertragung kommt; das stört ein gutes Gespräch erheblich!
- Das Internet birgt erhebliche Datenschutzgefahren in sich. Die Abhörung von „unverschlüsselten“ Telefonaten im Internet, vor allem bei ungeschützten drahtlosen Netzwerken (WLAN), ist wesentlich einfacher. Achten Sie daher immer auf eine Verschlüsselung!
- Die Bedienung der Software ist manchmal sehr kompliziert und viele Hotlines sind schwer erreichbar oder der Kontakt zu diesen sehr zeitintensiv.
- Es ist notwendig, die vorhandenen Datenschutzoptionen an die eigenen Bedürfnisse anzupassen.

- Im Laufe der Zeit werden in jeder Software Fehler und Sicherheitslücken entdeckt. Achten Sie daher darauf, dass Sie stets die neueste Software-Version nützen und aktualisieren Sie Ihre Software mithilfe der Up-Dates der Anbieter.

2.8 Telefonkonferenzen

Die Möglichkeit, via Telefon mit mehreren Gesprächspartnern gleichzeitig eine Besprechung abzuhalten, stellt für viele eine gute Alternative zu aufwändigen Vor-Ort-Terminen dar. Es genügt im Prinzip ein ganz normales, mehrfrequenzwahlfähiges Telefon, auch ein Handy.

Die Vorteile liegen auf der Hand:

- Konferenzen können jederzeit einberufen werden, auch spontan.
- Sie erfordern keine lange Planung, kein Konferenzraum muss reserviert, keine Infrastruktur bereitgestellt werden.
- Ideen können schnell besprochen und so auch sehr schnell umgesetzt werden.
- Telefonkonferenzen ermöglichen ein unverzügliches Krisenmanagement.
- Unternehmen sparen auf diese Weise Kosten, wie etwa Reisespesen, und Kosten, die durch Abwesenheitszeiten der Mitarbeiter entstehen.
- Wichtige Unterlagen, die den Teilnehmern jeweils nur im eigenen Büro zur Verfügung stehen, können jederzeit genutzt werden, das aufwändige Zusammenstellen von Unterlagen und Dateien vor einer Konferenz kann entfallen.
- Auch andere Experten können spontan hinzugezogen werden, wenn deren Input hilfreich ist.
- So führen Telefonkonferenzen oft zu schnelleren Entscheidungen und sparen somit viel Zeit.
- Die Umwelt bedankt sich auch: Weniger Reisen bedeutet auch eine erhebliche Senkung von Umweltbelastungen!

Aus diesen Gründen ist die Nachfrage nach Konferenzschaltungen weltweit sprunghaft angestiegen. Darauf haben die Telekommunikationsanbieter reagiert; sie stellen immer häufiger zusätzliche Serviceleistungen zur Verfügung. Eine Telefonkonferenz funktioniert in der Regel so, dass ein dritter Anrufer zu einem bestehenden Telefonat von einem der bereits bestehenden Anschlüsse in die Konferenz mit einbezogen wird. Ebenfalls angeboten werden Video- und Webkonferenzen. Weiters besteht die Möglichkeit, Ansagen automatisch einspielen zu lassen und neben der Hauptkonferenz, an der alle Teilnehmer beteiligt sind, auch sogenannte Nebenkonferenzen einzuleiten, an der nur bestimmte ausgewählte Personen teilnehmen.

Die Systeme, Anwendungsmöglichkeiten und Tarife der einzelnen Software- und Dienste-Anbieter unterscheiden sich sehr, daher sollte man im eigenen Interesse die eigenen Anforderungen im Vorfeld genau definieren und die Preise genau vergleichen (siehe Kapitel 5.4).

Fragen, die Sie sich vor der Auswahl eines Telefonkonferenz-Anbieters stellen sollten:

- Sind weltweite Telefonkonferenzen möglich?
- Funktionieren Telefonkonferenzen auch mehrsprachig?
- Entstehen im Rahmen von Telefonkonferenzen zusätzliche Kosten, wenn ich die Konferenz-Teilnehmer einlade?
- Wie sieht es mit der Sicherheit während der Konferenz aus (Thema Abhören)?
- Welche Möglichkeiten der Einladung habe ich für meine Telefonkonferenz-Gesprächspartner (SMS, Fax, E-Mail)?
- Welche Zusatzkosten entstehen?

Grundsätzlich können drei Varianten von Telefonkonferenzen unterschieden werden:

1. **Konferenz ohne Registrierung**: Sie ist für eine einmalige Durchführung gedacht und beginnt, sobald sich zwei der Teilnehmer in die Konferenz eingewählt haben. Die Einwahl erfolgt über eine spezielle Nummer, die auf den Internetseiten des jeweiligen Anbieters ersichtlich ist. Meist findet man dort auch ein Webformular, mit dem man die Teilnehmer der Konferenz einladen kann. Die Gesprächsdauer kann bei einigen Anbietern begrenzt sein, sollte das Gespräch länger dauern, muss man sich nochmals einwählen. Die Einwahl aus dem Ausland ist nicht immer und bei jedem Anbieter möglich.
2. **Die automatisierte Telefonkonferenz**: Sie lassen sich einmalig registrieren und erhalten so die Zugangsdaten für Ihren virtuellen Konferenz-Raum, der Ihnen rund um die Uhr zur Verfügung steht. Diese Zugangsdaten enthalten neben der Einwahlnummer auch einen Zugangscode (PIN) und einen eigenen Moderator-PIN-Code. Sobald sich der Moderator eingewählt hat, beginnt die Konferenz. Für die Einladung der Teilnehmer steht meist auch ein Webformular des Anbieters zur Verfügung.
3. **Die operatorunterstützte Telefonkonferenz**: Hier werden die Teilnehmer von einem eigenen Operator unterstützt. Er erhält als Vorinformation den Zeitpunkt sowie Namen und Telefonnummern der Teilnehmer. Er verbindet und begrüßt die Teilnehmer und stellt den Konferenzleiter vor. Er kann am Ende auch eine elektronische Frage- und Antwortrunde durchführen. Der Sicherheitsstandard ist hier am höchsten.

☞ **Tipp:**

Telefonkonferenzen mit beliebig vielen Teilnehmern können auch über Internetplattformen durchgeführt werden. Die Internet-Telefonie ist somit gerade für internationale Telefonkonferenzen eine kostengünstige Alternative.

2.9 Zusammenfassung

Beim Telefonieren wird unsere Kommunikation auf die rein akustische Wahrnehmung reduziert. Da wir jedoch für unsere Kommunikation ein ganzheitliches Bild benötigen, „ergänzen" wir das Bild vom Gesprächspartner. Wir interpretieren jedes Geräusch und jeden Zwischenton in der Stimme des anderen. Daher ist es am Telefon besonders wichtig, auf eine „passende" Geräuschkulisse zu achten und unliebsame Störgeräusche auszuschalten.

Besondere Bedeutung kommt dabei der Stimme zu. Sie ist das Instrument, das ein Telefongespräch stimmig macht. Es lohnt sich daher, seinem Sprechorgan Beachtung zu schenken und seine Stimme bewusst zu pflegen. Einige Tipps und Übungen in diesem Kapitel sollen Ihnen helfen, Ihre Ausstrahlung am Telefon zu optimieren. Die richtige Körperhaltung und nicht zuletzt auch die Art und Weise, wie Sie den Telefonhörer halten, sind weitere bestimmende Einflussfaktoren zur optimalen Stimmübertragung via Telefon.

Unterstützend für Vieltelefonierer empfehlen wir Headsets als Entlastung der Hals und Nackenmuskulatur, für eine möglichst große Aktionsfreiheit der Hände und eine optimale Konzentration auf den Gesprächspartner.

Aus unserer Kommunikationswelt nicht mehr wegzudenken ist das Mobiltelefon. Deswegen sind wir in diesem Kapitel kurz auf dieses Thema eingegangen und haben für Sie eine Liste mit den wichtigsten Tipps zum mobilen Telefonieren zusammengestellt. Auch das Telefonieren über das Internet wird immer beliebter, ebenso wie die Möglichkeit, nicht nur mit einem, sondern mit mehreren Telefongesprächspartnern zu sprechen, und zwar in der Form einer Telefonkonferenz.

Das Telefon kann also wesentlich mehr als nur ein Wort von A nach B transportieren. Zentrale Bedeutung kommt dabei Ihrer Stimme zu. Sie sagt einiges über Ihre Persönlichkeit aus und beeinflusst so die zwischenmenschliche Kommunikation entscheidend – eine Tatsache, die auch schon lange vor der Erfindung des Telefons bekannt war:

„Sprich, damit ich dich sehe."

Sokrates

3. DAS TELEFONGESPRÄCH

3.1 Der erste Eindruck

Das Telefon ist das wichtigste Instrument für den Kontakt zu Geschäftspartnern und Kunden. Rund 80 Prozent der Firmenkontakte entstehen über das Telefon. Dabei entscheidet sehr häufig der allererste Eindruck über Sympathie und Antipathie. Für diesen Ersteindruck haben Sie nicht viel Zeit: Den Bruchteil einer Sekunde, einen Augenblick dauert es, bis sich der Gesprächspartner am anderen Ende ein Bild von Ihnen und Ihrem Unternehmen gemacht hat. In den nächsten cirka 30 Sekunden verfestigt sich dieses Bild, und der erste Eindruck wird gewissermaßen „besiegelt". Sie und Ihre Firma landen in einer Schublade, aus der ein Herauskommen überaus schwierig ist. Der erste Eindruck entsteht ja fast ausschließlich im Unterbewusstsein und ist gerade aus diesem Grund so hartnäckig. Der erste Eindruck ist dann besonders nachhaltig, wenn er sehr rasch und unmittelbar entsteht. Genau das passiert am Telefon. Das Telefon ist daher die nachhaltigste Visitenkarte Ihres Unternehmens. Noch immer viel zu wenige Unternehmen sind sich dieser Tatsache bewusst.

Rufen Sie selbst in einem anderen Unternehmen an, gewinnen auch Sie in den ersten Augenblicken einen ersten Eindruck von Ihrem Gesprächspartner. Vorschnelle Urteile können sich dabei störend auf die zukünftige Geschäftsbeziehung auswirken.

☞ **Tipp:**

Es fällt uns leichter, einen ersten Eindruck zu korrigieren, wenn wir ihn uns erst einmal bewusst machen:

- Wie hat der andere auf mich gewirkt?
- Wie schätze ich ihn und sein/e Umgebung/Unternehmen ein?
- Wie komme ich zu diesem Urteil?

Erst, wenn dieser erste Eindruck so hinterfragt wird, geben wir dem anderen eine zweite Chance. Nur so erkennen wir, dass es auch in unserem Interesse ist, den anderen objektiver zu sehen.

3.1.1 Abheben

In vielen Unternehmen gibt es Richtlinien, nach wie vielen Malen Läuten ein Mitarbeiter abheben sollte. Die Empfehlung umfasste bis vor kurzem noch maximal dreimal Läuten, in unserer ständig beschleunigten Arbeitswelt hat sich diese Richtlinie oftmals schon auf zweimal Läuten reduziert. Im Zweifelsfall klären Sie die Empfehlung mit Ihrem Chef ab. Tatsache ist, dass Sie nicht schon nach dem ersten Klingelzeichen abheben sollten, da der Anrufer auch etwas Zeit benötigt, um sich innerlich auf das Gespräch einzustellen. Ein zu rasches Abheben würde ihn daher „überfahren“ und obendrein den Eindruck vermitteln, Sie hätten nichts anderes zu tun, als Ihr Display anzustarren – in der dringenden Hoffnung, endlich einen Anruf zu erhalten.

Meist ist jedoch genau das Gegenteil der Fall: Das Telefon klingelt ständig und unterbricht Sie bei einer anderen Tätigkeit. Diese Unterbrechungen sind ärgerlich und es fällt schwer, sofort auf einen freundlichen „Positive-Visitenkarte-Ton“ umzustellen. Meist schwingt im Geist noch die zuletzt bearbeitete Angelegenheit mit.

☞ **Tipp:**

Managen Sie die Unterbrechungen durch ein Telefonat aktiv! Notieren Sie sich spontan ein Stichwort, das Ihnen hilft, nach der Unterbrechung wieder in die vorherige Arbeit einzutauchen. So heben Sie entspannter ab und der Anrufer bekommt nicht sofort das Gefühl, Sie zu stören.

3.1.2 Die richtige Begrüßung

Der wichtigste Faktor für den ersten Eindruck ist gleichzeitig auch die größte Falle: die ersten Worte nach dem Abheben des Hörers!

☹ **So nicht!**

Fehler Nummer 1: Schon zu sprechen beginnen, obwohl der Hörer noch weit von Mund und Ohr entfernt ist.

Fehler Nummer 2: Undeutliches und rasches Aussprechen des eigenen Namens bzw. des Firmennamens.

Fehler Nummer 3: Nennung nur des Firmennamens – man wird so zum „unpersönlichen Repräsentanten“ seines Unternehmens. Der erste Eindruck fällt aber meist positiver aus, wenn der andere auch weiß, dass er am anderen Ende einen Gesprächspartner mit Namen hat!

Fehler Nummer 4: Statt eines Lächelns begleitet ein unterdrückter Seufzer die ersten Worte am Telefon! Der andere merkt sofort Ihre Stimmung und lässt sich davon beeinflussen!

Fehler Nummer 5: *„Einen wunderschönen guten Tag, hier spricht Daniela Bergmann-Heiner von der Firma Wolkensteiner für Wellness und Wohlbefinden, und was kann ich heute für Sie tun?“* Wer mit so einem langen „Bandwurmsatz“ überfahren wird, bei dem entsteht vermutlich kein Wohlbefinden, sondern eher Ärger und Ungeduld.

Wer beruflich viel telefoniert, spricht die Begrüßungsformel häufig aus. Die Gefahr, diese Worte schnell hinter sich bringen zu wollen, ist verständlich. Es fällt schwer, jedes Mal bewusst zu sprechen – und je länger diese „akustische Visitenkarte“ ist, umso größer ist diese Gefahr.

☞ **Tipps zur Begrüßung:**

- Sprechen Sie langsam und deutlich. Der Anrufer hört die Ihnen so vertrauten Worte meist zum ersten Mal und hat ein Recht darauf zu verstehen, was Sie ihm sagen. Nur so gewinnt er einen positiven Eindruck.
- Atmen Sie tief durch und vor allem wieder aus, bevor Sie den Hörer abheben. So wirkt Ihre Stimme von Anfang an entspannt.
- In den ersten Sekundenbruchteilen Ihres Gesprächs ist der Anrufer meist noch nicht voll konzentriert, da sich sein Ohr erst auf den Ton Ihrer Stimme einstellen muss. Daher macht es Sinn, mit einer Botschaft zu beginnen, die dem anderen schon vertraut ist. Traditionell beginnen Sie Ihre Begrüßung mit dem Firmennamen. Meist weiß der Anrufer ja, wo er gerade anruft. Eine Alternative dazu ist es, mit dem eigentlichen Gruß zu beginnen.
- Ob Sie *„Guten Morgen“*, *„Guten Tag“* oder *„Grüß Gott“* sagen, hängt von den regionalen Gepflogenheiten und Ihrer Unternehmens-Etikette ab.
- Der wichtigste Bestandteil Ihrer Begrüßungsformel ist Ihr eigener Name: Er ist meist die wirklich neue und damit interessanteste Information für den Anrufer. Deswegen sollten Sie Ihren Namen nach dem Firmennamen und vor dem Gruß nennen. So stellen Sie sicher, dass der Anrufer auch wirklich weiß, mit wem er es zu tun hat.
- Sprechen Sie Ihren Namen besonders deutlich aus.
- Ob Sie sich mit Vor- und Nachnamen melden, hängt von der Länge Ihres Namens ab. Wer zum Beispiel Anna-Katherina Hohenberg-Leichtleben heißt, wird seinen Gesprächspartner damit ziemlich überfordern, den vollen Namen zu nennen. Wer mit Familiennamen aber z. B. „Knopp“ heißt, tut gut daran, auch noch den Vornamen hinzuzufügen. Ein „Susanne Knopp“ klingt eindeutig leichter verständlich.
- Der leider immer noch weit verbreitete Zusatz *„Was kann ich für Sie tun?“* ist aus unserer Sicht entbehrlich. Er macht die Begrüßung zu lang und drückt eine meist übertriebene Freundlichkeit aus, die im Laufe des Gespräches manchmal nicht ganz aufrechtzuerhalten ist. Oft schwindet der „Flötenton“ rasch, wenn der Anrufer sein Anliegen vorträgt. Die Stimme wird eine Oktave tiefer, und von der aufgesetzten Freundlichkeit bleibt wenig übrig.
- Wenn Sie der Anrufer sind, konzentrieren Sie sich vor dem Anruf bewusst auf die Person des zu erwartenden Gesprächspartners. Wie heißt er/sie? Welchen Titel, welche Funktion hat er/sie und legt er/sie Wert auf deren Erwähnung?

- Stellen Sie sich als Anrufer deutlich mit Ihrem Namen vor und legen Sie nach der Nennung Ihres Namens eine kleine Pause ein. So kann der andere diese Information verarbeiten und eventuell gleich notieren.

Das Wichtigste für den ersten Eindruck ist eine ehrliche, echte Freundlichkeit. Übertriebene Freundlichkeit schiebt den Anrufer genauso weit weg wie Unhöflichkeit. Echte Freundlichkeit entsteht auch nicht durch das viel zitierte Lächeln vor dem Abheben. Wem gerade nicht nach Lächeln zumute ist, der wird eher ein leicht verkrampftes Lächeln aufsetzen – keine gute Voraussetzung für ein gelungenes Gespräch. Freundlichkeit muss echt sein, nur so kommt sie von Herzen und strahlt auch durch die Telefonleitung.

Übrigens: Wissen Sie, wodurch sich Freundlichkeit von Höflichkeit unterscheidet? – Durch den Grad der menschlichen Zuneigung!

3.1.3 Der Name des anderen

Die wichtigste Information, die Sie gleich am Anfang Ihres Gespräches erhalten sollten, ist der Name des anderen. Wir empfehlen, wenn möglich die Schreibweise dieses Namens gleich zu Beginn zu klären und zu notieren. Das signalisiert dem Anrufer, dass Sie ihn wirklich voll und ganz wahrnehmen. Auch wenn es in der Hektik des Berufsalltages oft schwer fällt – diese Zeit der „Namensklärung" ist gut investierte Zeit. Denn nichts hört der Mensch lieber als den eigenen Namen. Er fühlt sich als Individuum wahrgenommen, nicht als namenloser „Kunde X". Wiederholen Sie daher den Namen gleich zu Beginn.

Fragen Sie nach, wenn Sie ihn nicht genau gehört haben. Bitten Sie Ihren Gesprächspartner, den Namen zu buchstabieren, oder bieten Sie an, selbst zu buchstabieren. Notfalls hilft auch ein lautmalerisches Wiederholen des Namens, so wie Sie ihn verstanden haben. Der andere korrigiert Sie sicher, wenn Sie den Namen falsch wiedergeben.

☞ **Tipp:**

Im Anhang finden Sie alle notwendigen und derzeit aktuellen Buchstabiertabellen. Diese sollten immer griffbereit in der Nähe Ihrer Telefonanlage zu finden sein!

Was tun wir mit Gesprächspartnern, die ihren Namen nicht sofort zu Beginn des Telefonates nennen? Hier wirkt die Formulierung *„Mit wem spreche ich (überhaupt)?"* unprofessionell. Besser ist es, mit einem Lächeln zu fragen: *„Wie ist Ihr Name?"* oder *„Sind Sie so freundlich und sagen Sie mir Ihren Namen?"* Bleibt der Anrufer hartnäckig, antworten Sie ihm direkt in der Sache: *„Bitte haben Sie Verständnis dafür, dass ich Ihren Namen wissen muss, sonst kann ich Sie nicht verbinden/nicht durchstellen."*

☹ **So nicht!**

Setzen Sie den Namen des anderen aber bitte während des Gespräches sparsam und nicht inflationär ein. Wer permanent und hinter fast jeden Satz den Namen des Gesprächpartners setzt, wirkt wie ein schlecht geschulter Telefonverkäufer: *„Für Sie, Herr Meier, ist das sicher interessant. Sie werden mir recht geben, Herr Meier, dass Sie schon immer... Sind Sie nicht auch dieser Meinung, Herr Meier?"* – Das nervt!

3.2 Die richtigen Formulierungen fürs Telefon

Den gekonnten Einstieg ins Gespräch haben Sie nun geschafft – diesen Teil können Sie gut vorbereiten und mit einiger Übung ist das keine Hexerei. Aber auch im Laufe des übrigen Gesprächs sollten Sie Ihre Sprachgewandtheit nie verlieren. Das ist in der Hitze des Gefechtes nicht immer einfach. Worauf sollten Sie daher besonders achten?

Trennen Sie verbal Sache und Emotion!

Wir vermischen im Gespräch öfter den eigentlichen Sachinhalt mit den Emotionen. Trennen Sie im Gespräch von Anfang an verbal die Sache von der Emotion. Zeigen Sie Verständnis für die Emotion des anderen und reagieren Sie getrennt auf beides. Worte wie „konkret", „genau" und „klären" lenken den Fokus des Gesprächspartners auf die Sache.

☹ **So nicht!**

„Wenn Sie sich so aufregen, kann ich Ihnen die Angelegenheit schwer erklären."

☺ **Besser:**

„Ich verstehe Ihre Verärgerung. Klären wir zunächst den Sachverhalt."

Formulieren Sie kurz und prägnant!

Langatmige und umständliche Formulierungen strapazieren die Konzentrationsfähigkeit des Zuhörers. Sie erwecken den Eindruck, der Telefonpartner habe etwas zu verbergen oder sei unsicher und suche selbst erst den Gesprächsfaden. Zu viel Information in einem Satz wirkt unübersichtlich, belehrend und überheblich. Kurze Sätze sind einprägsamer.

☹ **So nicht!**

„Ich halte es in der gegebenen Situation der sich ständig wandelnden Gegebenheiten für durchaus denkbar, auch einmal nach alternativen Auswahlmethoden Ausschau zu halten, und wenn Sie bedenken, wie leicht es zum Beispiel wäre, einmal in den umfangreichen Online-Katalogen den einen oder anderen Suchlauf im Sinne einer Auswahloptimierung …"

☺ **Besser:**

„Was halten Sie davon, aus unseren Online-Katalogen auszuwählen?"

Formulieren Sie bestimmt und konkret!

Verstecken Sie sich nicht hinter Wörtern wie „man" und „es"! Stehen Sie zu Ihren Aussagen, nur so wirken Sie glaubhaft. Streichen Sie, wo es geht, die Möglichkeitsform aus Ihrem Wortschatz. Ihr Gesprächspartner will nicht wissen, was hätte sein können, wenn man möglicherweise getan hätte … Um von Ihrem Gegenüber akzeptiert zu werden, sollten Sie am Telefon die reine Befehlsform ohne ein „Bitte" vermeiden, wie z. B. *„Schicken Sie mir …"*. Achten Sie besonders beim „internen Kunden", beim Kollegen oder Mitarbeiter, auf diese Formulierungen.

☹ **So nicht!**

„Man müsste einmal prüfen, ob eventuell die gewünschte Information irgendwo bei uns zu erhalten wäre …"

☺ **Besser:**

„Ich werde die gewünschte Information für Sie beschaffen."

Entschuldigen Sie sich nicht zu oft!

Entschuldigungen sollen nur dort eingesetzt werden, wo sie auch angebracht sind, wo beispielsweise ein Fehler passiert ist. Sonst wirken Sie unsicher. Oder wollen Sie auf Ihre Frage *„Entschuldigen Sie bitte, ist vielleicht Herr Treff da?"* die Antwort *„Ich entschuldige, er ist da!"* hören? Manchmal werden Entschuldigungen auch in einem überfreundlichen Tonfall am Telefon geäußert. Das wirkt unecht und schafft Distanz zum Gesprächspartner.

☹ **So nicht!**

„Entschuldigen Sie schon, aber der Herr Meier ist um diese Zeit nicht mehr im Hause, tut mir leid!"

☺ **Besser:**

„Herr Meier ist morgen ab 10:00 Uhr erreichbar, ich richte gerne etwas aus."

Verwenden Sie Fremdwörter und Fachchinesisch sparsam!

Zu viel Fachchinesisch beeindruckt Ihren Gesprächspartner nicht, sondern schreckt ihn eher ab, und er verschließt sein Ohr. Statt fachlich kompetent wirken Sie überheblich und besserwisserisch. Wer sein Fachwissen so vor sich „herträgt", wird als unangenehmer Gesprächspartner eingestuft. Hat Ihr Gesprächspartner ein „neudeutsches" Fachwort nicht verstanden, fragt er oft nicht nach, sondern ist irritiert und konzentriert sich nicht mehr auf das im Anschluss Gesagte.

☹ **So nicht!**

„Die Anwendbarkeit der Verteilerlimitierung der peripher erwähnten Manipulierfunktion bedarf unter der gegebenen Konstellation unserer ‚New Programme-Diversity' einer Klarstellung."

☺ **Besser:**

„Gerne stelle ich Ihnen die Möglichkeiten dieses neuen Programms vor."

Formulieren Sie positiv!

Negative Wörter schrecken ab. Wiederholte Verneinungen wirken unsicher und ängstlich. Sie verpassen sich so schnell ein „Verlierer-Image". Der andere erwartet irgendwann schon gar keine Lösungen mehr von Ihnen. So wird keine gute Geschäftsbeziehung entstehen. Gerade diese „Formulierungssünde" ist am häufigsten in unserem Alltag anzutreffen. Hören Sie einmal genau hin – Sie werden staunen, wie oft Sie zu hören bekommen, was alles nicht geht! Dabei wäre es so einfach, gleich den Lösungsvorschlag zu nennen.

☹ **So nicht!**

„Leider ist es nicht möglich, diese Woche zu bestellen, da kein Liefertermin mehr frei ist."

☺ **Besser:**

„Ich kann Ihre Bestellung gerne für nächste Woche notieren."

Wechseln Sie die Seite!

Formulieren Sie nach Möglichkeit immer aus der Sicht des Gesprächspartners. Was hat er davon, wenn er auf Ihren Vorschlag eingeht? Wo liegt sein Nutzen? Nur so überzeugen Sie den anderen! Ihn interessiert weniger, wie die Lage für Sie ist, er will seinen eigenen Vorteil erkennen.

☹ **So nicht!**

„Für mich ist es besser, wir warten, bis ich alles geprüft habe, und ich sende Ihnen dann den Bericht."

☺ **Besser:**

„In Ihrem Sinne schlage ich vor, den Sachverhalt für Sie zu prüfen, und Sie erhalten dann die endgültige Version zugesandt. Ist das für Sie in Ordnung?"

Keine verbalen Kapitulationen!

Formulieren Sie ohne einschränkende Floskeln und Abwertungen im Voraus! Wer dem anderen schon bei der Einleitung zu verstehen gibt, dass da nicht sehr viel nachkommen wird, kann das Telefongespräch auch gleich beenden. Übertriebene Bescheidenheit wirkt unsicher, und der andere hört nicht mehr interessiert zu.

☹ **So nicht!**

„Ich weiß nicht, ob es so ganz dazupasst, aber wenn ich vielleicht noch etwas sagen dürfte ..."

☺ **Besser:**

„Dieser Punkt ist aus meiner Sicht noch wichtig."

Verteilen Sie verbale „Streicheleinheiten"!

Gerade zu Beginn eines Gespräches ist es wichtig, eine positive Gesprächsebene herzustellen. Schaffen Sie Sicherheit und Vertrauen durch die eine oder andere kleine verbale Anerkennung des anderen. Danken Sie zum Beispiel für eine für Sie wichtige Information, loben Sie seine neue Internetseite oder zeigen Sie einfach Interesse an einer Angelegenheit, von der Sie wissen, dass sie für den anderen im Moment sehr wichtig ist. So ist schnell ein guter Kontakt hergestellt. Aber bitte übertreiben Sie nicht, bleiben Sie ehrlich und glaubhaft!

Darüber hinaus gibt es noch jede Menge andere positiv besetzten Formulierungen, die es verdienen, in Ihren Wortschatz aufgenommen zu werden. Sie beeinflussen ein Gespräch positiv. Allerdings immer nur dann, wenn sie sparsam und zum Inhalt passend verwendet werden. Die Kunst der richtigen Formulierung ist aber in kleinen Schritten durchaus erlernbar!

☺ **Positive Wörter und Phrasen:**

- sichert
- garantiert

(zu verwenden, wenn der Inhalt tatsächlich sicher ist oder garantiert werden kann)

- ermöglicht
- hilft
- erhöht
- erspart
- steigert
- erleichtert
- dadurch gewinnen Sie
- das ermöglicht zusätzlich
- dafür bin ich verantwortlich (stärker als „dafür bin ich zuständig")
- sicher
- konkret
- genau

Die „Schwarze Liste" der Formulierungen

Die richtige Wortwahl ist also der Erfolgsfaktor Nummer 1, wenn es um ein gutes Telefongespräch geht. Genauso wie beim akustischen Eindruck der Stimme ist es auch bei der Wortwahl wichtig, dass Sie echt und authentisch „rüberkommen". Die geschliffensten Formulierungen sind wenig hilfreich, wenn es nicht Ihre eigenen Worte sind. Trotzdem kann es nicht schaden, den eigenen Wortschatz auf eventuelle „Killerphrasen" zu durchforsten. Hören Sie sich einmal selbst „aktiv" zu. Welche der unten angeführten Wortgebilde verwenden Sie gelegentlich am Telefon? Stellen Sie sich aus der von uns willkürlich zusammengetragenen Liste Ihre eigene „Schwarze Liste" zusammen und vermeiden Sie diese Wörter möglichst. Achten Sie allerdings verstärkt auf diese Vormulierungen, wenn Ihr Gegenüber sie verwendet. Daraus können Sie einige Informationen für Ihr weiteres Gespräch gewinnen.

Vermeiden	Begründung	Besser
„Ehrlich gesagt ..."	Warum ist der Redner erst jetzt ehrlich? War bisher alles gelogen?	Einfach weglassen!
„Grundsätzlich", „im Grunde genommen"	Typische Leerfloskeln, die die Objektivität nur vortäuschen.	Ebenfalls streichen!
„Gewissermaßen", „in etwa", „irgendwie"	Hier ist der Redner wieder in die typische Unsicherheitsfalle getappt. Wer so spricht, scheut die Verantwortung, erweist sich als inkompetent.	Auch hier: einfach weglassen!
„Eigentlich"	So schränkt der Redner das Gesagte ein, entschuldigt sich, verkleinert die Aussage.	Formulieren Sie bestimmt und ohne „heiße Luft".
„Sicherlich"	Ganz so sicher ist der Redner nicht, sonst müsste er es nicht so betonen!	„Ich bin überzeugt, ..."
„Auf jeden Fall", „überhaupt", „unter allen Umständen"	Wer so vehement verstärkt, verdeckt damit meist seine Unsicherheit oder erweist sich als autoritär und intolerant.	Verwenden Sie eher sachliche Formulierungen, wie: „Die Erfahrung hat gezeigt, ..."
„Ganz einfach", „praktisch"	Ganz so einfach liegen die Dinge hier nicht, und wer „praktisch alles im Griff hat", der hat theoretisch nichts unter Kontrolle!	Verwenden Sie öfter das Wort „konkret".
„Ausgezeichnet", „großartig", „hervorragend"	Solche Übertreibungen wirken selbstherrlich. Hier ist der typische „Schulterklopfer" unterwegs, der Detailprobleme gerne einfach vom Tisch fegt.	Einfach weglassen!

Vermeiden	Begründung	Besser
„Man sollte“	Nicht nur der Konjunktiv stört hier. Mit man fühlt sich „Mann/Frau“ nicht angesprochen, die Wahrscheinlichkeit, dass so einer Anregung Taten folgen, ist wohl äußerst gering!	„Wir werden“, „Ich werde“
„Selbstverständlich“, „natürlich“	Solche jovialen Zusicherungen schieben den Gesprächspartner weg, signalisieren ihm, dass seine Einwände nicht so ganz ernst genommen werden – „Aber selbstverständlich haben wir an alles gedacht!“	Ebenfalls einfach weglassen!
„Sie müssen schon Folgendes beachten!“ „Sie dürfen nicht einfach ...!“	Diese Formulierung erinnert uns an die Erziehungsmaßregeln unserer Eltern und Lehrer: „Du darfst nicht ...“, „Du musst immer ...!“	„Ich ersuche Sie, auf folgende Tatsache zu achten ...“, „Bitte beachten Sie ...“
„Warum?“ -Fragen	Sie wirken schulmeisternd, erinnern uns an unsere Kindheit und Schulzeit.	„Wieso?“, „Aus welchem Grund?“
„Haben Sie kurz Zeit für mich?“	„Kurz“ ist eine viel zu unbestimmte Zeitangabe. Sie wirken unprofessionell. Außerdem soll sich der Gesprächspartner ja sicher nicht „für Sie“ Zeit nehmen, sondern für eine berufliche Angelegenheit, für die Sache!	Klären Sie gleich zu Beginn, wie lange Sie in etwa für das Gespräch anberaumen und um welche Angelegenheit es sich handelt: „Haben Sie cirka fünf Minuten Zeit, um den noch offenen Punkt zu Projekt X zu besprechen?“

Vermeiden	Begründung	Besser
„So, das war's, mehr hab' ich im Moment nicht."	Diese Formulierung lässt den Rollbalken wie ein Fallbeil herunterrasseln und klemmt dabei auch noch den kaufwilligen Kunden ein. Ob der wohl wiederkommt?	„Wie beurteilen Sie unser Angebot? Was können wir noch für Sie tun?"
„Verzeihen Sie, wie war Ihr Name?"	Ich verzeihe nicht, ich lebe noch, und mein Name ist noch immer der gleiche!	„Wie ist Ihr Name, bitte?"
„Das haben wir noch nie so gemacht!"	Der typische Killersatz von Menschen, die Angst vor Veränderung haben, die starr auf ihrem Standpunkt verharren.	„Dieser Vorschlag ist sehr interessant, ich leite ihn gerne weiter."
„Heute ist nur Frau X zu sprechen."	Die arme Frau X – der allerletzte Notnagel! Aber ich als Kunde habe doch Anspruch auf die beste Alternative! Oder bin ich nicht wichtig genug?	„Ich verbinde Sie mit Frau X, unserer zuständigen Ansprechpartnerin."
„Ich als Fachmann rate Ihnen ..."	Wer schon in der Schule Probleme mit Wichtigtuern und typischen „Oberlehrern" hatte, der wird auch hier sauer reagieren!	„Was meinen Sie zu ...?"
„Da haben wir ein Problem. Ich werde Ihre Beschwerde an die Reklamationsabteilung weiterleiten."	So werden Probleme oft erst rhetorisch erzeugt: Vielleicht war das, was hier zum Problem, zur Beschwerde, zur Reklamation geworden ist, ursprünglich nur eine schlichte Anfrage?	„Ich werde Ihre/n Anregung/Frage/ Wunsch gerne weiterleiten."

Vermeiden	Begründung	Besser
„Das weiß ich nicht, da wurde ich nicht informiert!"	Uninformiert sein und dann auch noch über die Kollegen schimpfen, das wirkt sicher nicht professionell!	„Ich werde mich für Sie erkundigen."
„Wie bitte? Haben Sie etwas gesagt? Ich habe Sie nicht verstanden!"	Der andere hört deutlich zwischen den Worten: „Du redest undeutlich, leise und überhaupt fehlt mir das Verständnis für Dich!" Vielleicht hat er auch gar nicht zugehört?	„Aufgrund der schlechten Verbindung habe ich nicht verstanden."
„Es tut mir leid, der Chef ist heute sehr im Stress, er ruft Sie sicher bald zurück!"	Tut es ihr/ihm wirklich leid? Und der Chef, das ist wohl einer von diesen Wichtigtuern, die ihr „Stress-Image" pflegen! Was versteht der unter „bald"? Wahrscheinlich warte ich da ewig auf einen Rückruf.	„Herr Huber möchte sich die Sache in Ruhe noch einmal für Sie ansehen, er ruft Sie dann morgen Früh zwischen 9:00 und 9:30 Uhr zurück!"

Gerade am Telefon hören wir viele dieser typischen „Killerphrasen" und Leerfloskeln. Diese Liste erhebt keinen Anspruch auf Vollständigkeit. Sie soll Ihnen jedoch helfen, Ihr Ohr sensibler zu machen und vom ersten Moment an am Telefon verbal zu punkten: mit Worten, die positiv, echt und authentisch sind! Denn es stolpern mehr Menschen über ihre Zunge als über ihre Füße!

3.3 Exkurs: Die Warteschleife

Jeder kennt das nervige Gefühl: Sie hängen schon seit einer Ewigkeit in einer Warteschleife und müssen sich die immer gleiche Melodie anhören. Dabei hat Ihnen dieses Lied noch nie gefallen! Oder Sie werden mit einem unsinnigen Werbeslogan bombardiert wie *„Firma Wohlfühl – bleiben wir im Gespräch!"* So ein Hohn! Schon seit Stunden spricht dort keiner mehr mit Ihnen! Ein weiteres leises Unbehagen beschleicht Sie:

Wie hört sich eigentlich die Warteschleife in Ihrem Unternehmen an?

Tatsache ist, dass sich Wartezeiten am Telefon nie ganz vermeiden lassen, doch ein geeigneter Text oder Musik können diese Wartezeiten durchaus „verschönen“. Hier liegt auch eine wichtige Chance, beim Anrufer positiv zu punkten. Legen Sie daher besonderes Augenmerk auf die Töne, die Ihre Anrufer zu hören bekommen.

- Musik sollte nie zu aufdringlich und laut sein. Sie ist als Hintergrund gedacht, als dezenter Stimmungsmacher und nicht als ausschließliche Beschäftigung des Anrufers.
- Sie sollte unverwechselbar zu Ihrem Unternehmen passen, wie eine Art akustisches Logo. Dafür gibt es eigene Musik-Agenturen, die speziell für Sie eine Melodie komponieren können. Das ist zwar etwas teurer als eine bekannte Musiknummer, aber dafür haben Sie dann auch die uneingeschränkte Verfügungsgewalt über diese Musik: Sie können Sie neu schneiden, mixen und bearbeiten. So können Sie die Melodie auch gelegentlich aktualisieren und dem Anrufer damit Abwechslung bieten. Bei handelsüblicher Musik ist der Einsatz an gesetzliche Regelungen (Urheberrecht, Musikabgaberegelungen) gebunden.
- Passen Sie die Musik an Ihre Zielgruppe und Ihr Firmen-Image an.
- Instrumentalmusik ist Gesang vorzuziehen, weil sie weniger aufdringlich wirkt.
- Ein Text sollte immer von einem Profisprecher gesprochen werden.
- Sind Sie international tätig, sollte die Ansage in der Fremdsprache auch korrekt und fehlerfrei erfolgen.
- Vermeiden Sie Negativformulierungen wie *„Leider erreichen uns viele Anrufe“ oder „Wir können zurzeit nicht ...“*
- Nutzen Sie die Warteschleife als Marketinginstrument. Informieren Sie zum Beispiel über ein neues Produkt, eine neue Niederlassung oder erweiterte Öffnungszeiten.
- Alle Mitarbeiter im Haus sollten wissen, wie sich die eigene Warteschleife anhört. Nichts wirkt unprofessioneller, als wenn der Mitarbeiter dem Anrufer auf eine diesbezügliche Frage keine Antwort geben kann.
- Rufen Sie hin und wieder Ihr Unternehmen an und lassen Sie sich zur Kontrolle in die Warteschleife verbinden. So vermeiden Sie „Betriebstaubheit“ und sind immer informiert, was Ihre Anrufer zu hören bekommen.

3.4 Richtig verbinden und Rückrufe anbieten

☹ **So nicht!**

„Oh je, da sind Sie bei mir ganz falsch! Da muss ich Sie woanders hin verweisen, ich schau mal, ob ich Sie zum richtigen Ende kriege!"

„Tut mir leid, da kann ich Ihnen sicher nicht weiterhelfen, ich lege Sie hinüber zum Kollegen!"

„Da weiß ich jetzt auch nicht so genau, wo ich Sie hingebe, aber warten Sie, ich glaube, auf der anderen Leitung ist jemand, der das wissen könnte. Ich stelle Sie schnell durch!"

Sie meinen, diese Beispiele wären übertrieben? Leider nein, wir haben nur einfach aufgeschrieben, was wir bei diversen Telefon-Coachings zu hören bekommen haben!

Es ist eine selbstverständliche Tatsache, dass nicht jedes Mal, wenn das Telefon klingelt, auch wirklich jemand mit Ihnen persönlich sprechen will. Es ist auch durchaus verständlich, dass Sie diese Gespräche so schnell wie möglich beenden wollen. Trotzdem wird gerade hier oft eine einmalige Chance vertan, Professionalität am Telefon zu beweisen. Richtiges Weiterverbinden und Vertrösten sowie einen Rückruf anzubieten gehören zu den wesentlichen Bestandteilen guten Telefonierens.

☞ **Tipps zum Weiterverbinden:**

- Kein Anrufer ist bei Ihnen falsch! Sie können jedem, der bei Ihnen anruft, weiterhelfen – und wenn die Hilfe auch nur darin besteht, dem Anrufer zu sagen, wer der richtige Gesprächspartner ist und wann er für ihn zur Verfügung steht.
- Sagen Sie nicht *„Ich verbinde Sie **mit** …"* – Sie verbinden den Anrufer ja nicht; das überlassen Sie lieber Arzt oder Sanitäter. Besser: *„Ich verbinde Sie **zu** …"*
- Geben Sie dem Anrufer die Durchwahl des zuständigen Mitarbeiters, so kann er zu einem späteren Zeitpunkt gleich durchwählen.
- Vermeiden Sie alle Formulierungen, die dem Anrufer das Gefühl geben, Sie stellen „unliebsame Dinge" mit ihm an: *„Ich leg' Sie um." „Ich stell Sie durch." „Ich lege Sie auf die Warteschleife." „Ich hänge Sie auf seine Leitung".*
- Wenn Sie schon bei den ersten Worten merken, dass Sie dem Anrufer nicht entscheidend weiterhelfen können, fallen Sie ihm trotzdem nicht ins Wort. Nutzen Sie die erste Pause, um ihm klarzumachen, dass Sie es ihm

in seinem Interesse ersparen wollen, sein wichtiges Anliegen zweimal erklären zu müssen.

- Vermeiden Sie Aussagen wie *„Da kann ich Sie **nur** mit XX verbinden."* Besser ist: *„Da ist auch XX verantwortlich, er hilft Ihnen gerne weiter."*
- Verabschieden Sie sich vom Anrufer und weisen Sie gleichzeitig darauf hin, dass Sie ihn jetzt weiterverbinden. Sonst meint er noch, Sie würden ihn aus der Leitung werfen.
- Warten Sie, bis der zuständige Kollege abhebt und informieren Sie diesen kurz. Es wirkt sehr professionell, wenn dieser gleich auf das Anliegen des Anrufers eingehen kann.
- Spricht der Kollege gerade oder hebt er nicht ab, verkneifen Sie sich Aussagen wie: *„Er ist gerade belegt"* (womit?) oder *„Er ist nicht am Platz"* (wie der böse Hund, der nicht „Sitz" macht). Sagen Sie lieber: *„Er telefoniert gerade"* oder *„Er ist in einer Besprechung"*.
- Eine weitere „Killerformulierung" ist der Satz: *„Er spricht gerade - wollen Sie warten?"* Darauf folgt meist die so gut wie nicht zu beantwortende Frage des Anrufers: *„Wie lange wird es denn dauern?"* Es gibt wohl wenige Dinge im Berufsleben, die so schwer abzuschätzen sind wie die Dauer eines Telefongespräches. Bieten Sie lieber einen Rückruf an.

Viele Vorgesetzte ergreifen direkt die Aktion und rufen ihre Gesprächspartner selbst an. Allerdings greifen nicht alle Chefs selbst zum Hörer, einige werden nach wie vor aus diversen Gründen verbunden. Kennen Sie die **„Durchstell-Etikette"** am Telefon? Hier einige Tipps dazu:

1) Chef - Kunde: Will beispielsweise Ihr Vorgesetzter einen Kunden oder einen anderen wichtigen Geschäftspartner sprechen, der nicht selbst abhebt, dann telefonieren Sie zunächst meist mit dessen Sekretärin oder einem anderen Mitarbeiter. In diesem Fall vereinbaren Sie mit diesen Mitarbeitern des Kunden, dass Sie parallel durchstellen, damit die verbundenen Telefonpartner sofort miteinander sprechen können.

2) Mitarbeiter - Chef: Eine weitere Variante liegt vor, wenn ein Mitarbeiter via Sekretärin Ihren Chef sprechen möchte: Ersuchen Sie die Sekretärin, Sie mit dem Mitarbeiter zu verbinden, sprechen Sie dann mit dem Mitarbeiter und verbinden Sie ihn zum Chef, wobei Sie Ihren Chef über den Grund des Anrufs vorinformieren. Aus unserer praxisorientierten Sicht kann hier jedoch bei einer positiven Gesprächskultur im Unternehmen auch parallel verbunden werden, um Zeit zu sparen.

3) Chef - Vorgesetzter des Chefs: Anders ist die Vorgangsweise, wenn Sie zum Vorgesetzten Ihres Chefs verbinden sollen: Dann können Sie nach Vorinformation an die Sekretärin zuerst verbinden, Ihr Chef spricht dann mit der Sekretärin seines Vorgesetzten und diese verbindet in der Folge. Auch hier ist es je nach Firmenkultur möglich, gleichzeitig zu verbinden. Allerdings nur dann, wenn Sie sichergehen können, dass keine Pannen passieren.

3.5 Schwierige Telefonate mit unangenehmen Anrufern

1. Headhunter oder ungebetene Anrufer

Fast jeder von uns kennt die Situation, wenn Headhunter oder sonstige unerwünschte Anbieter von Dienstleistungen unsere Konzentration hemmen und unsere Zeit rauben. Wie können Sie nun souverän reagieren? Erstens empfehlen wir Ihnen, in Ihrem Unternehmen klare Richtlinien abzustimmen, wie vorzugehen ist und welche Informationen hinausgehen sollen. Wenn ein Headhunter zum Beispiel anruft, um seine Daten zu aktualisieren, ersuchen Sie ihn, Ihnen eine E-Mail zu senden, um die seriöse Absicht dahinter zu prüfen. Lassen Sie sich in keinem Fall überreden, telefonische Auskünfte zu geben, damit wäre der andere am Ziel und hätte gelernt, dass es in Ihrer Firma leicht ist, an Daten zu kommen.

2. Neugierige Gesprächspartner

Sollte Ihr Chef oder ein Mitarbeiter nicht im Haus sein und fragt der Anrufer zum Beispiel: *„Wo ist er, ist er auf Urlaub?"*, stellt dies zwar ein schlechtes Benehmen dar, Fragen dieser Art kommen aber in der Realität immer häufiger vor. Souverän bleiben Sie auch hier, wenn Sie mit bestimmter Stimme positiv formulieren: *„Herr Dr. XY ist am 7. Jänner wieder zu erreichen. Was kann ich in der Zwischenzeit für Sie tun?"*

3. Nicht eingehaltene Rückrufe von Kollegen

Wenn ein Anrufer den Chef oder einen Mitarbeiter/Kollegen mehrmals nicht erreicht, entsteht meist eine unangenehme Situation am Telefon, die vom anderen nicht selten persönlich genommen wird. Darüber hinaus machen es uns der Zeitdruck und viele unerledigte Arbeiten nicht leichter, Rückrufe pünktlich vorzunehmen. Sollten bestimmte Kollegen häufig Rückrufe nicht tätigen, sprechen Sie diese darauf an, welch unangenehme Situation dadurch für Sie und letztlich das Unternehmen entsteht.

☞ **Tipps zu Rückrufen:**

- Das Angebot eines Rückrufes darf keine Leerfloskel sein! Signalisieren Sie dem anderen, dass Sie es ernst meinen. Fragen Sie daher immer, wann es für ihn günstig ist, wann er erreichbar ist.
- Notieren Sie die Angelegenheit, um die es geht, und sicherheitshalber auch die Telefonnummer des Anrufers. Erkundigen Sie sich auch nach einer alternativen (Handy)-Nummer. Die Formulierung *„Worum geht es?"* löst beim anderen meist Abwehr aus, da er sich kontrolliert fühlt. Wir empfehlen, direkt und höflich um ein Stichwort zu ersuchen, z. B.: *„Bitte geben Sie uns/mir ein Stichwort, worum es sich handelt."* Seien Sie auch vorsichtig mit der Formulierung: *„Kann ich Ihnen vielleicht weiterhelfen?"* Erstens ist

helfen ein emotional besetztes Wort und zweitens handelt es sich dabei um eine geschlossene Frage, die sich nicht eignet, jemanden Informationen zu entlocken. Besser ist es, entweder *„Was kann ich für Sie tun?"* zu fragen oder *„Was kann ich in der Zwischenzeit für Sie tun?"*.

- Nennen Sie auch einen Zeitrahmen, wann der Ansprechpartner aus Ihrem Unternehmen zu sprechen ist. Das wirkt glaubwürdiger und schafft mehr Vertrauen als der lapidare Satz: *„Probieren Sie es morgen wieder."* Ihr Kunde sollte nie „probieren" müssen!
- Auch wenn Sie einen Rückruf Ihres Mitarbeiters anbieten: Verraten Sie dem Anrufer trotzdem die Durchwahl für den Fall, dass er selbst nicht erreichbar ist und lieber selbst anruft.
- Ist der Anrufer sehr ärgerlich, weil er schon länger auf den Rückruf wartet, zeigen Sie Verständnis für seinen Ärger. Sagen Sie ihm, was Sie schon veranlasst haben und sichern Sie ihm zu, es dem Kollegen nochmals zu sagen *(„Ich habe es Herrn Mayer ausgerichtet, dass Sie angerufen haben, er weiß Bescheid. Ich werde es ihm gern nochmals ausrichten")*. Entschuldigen Sie sich nicht persönlich, wenn Sie nicht derjenige sind, der nicht zurückgerufen hat. Entschuldigen Sie sich lieber im Namen des Teams oder des Unternehmens.
- Klären Sie dann im Anschluss mit dem jeweiligen „säumigen" Mitarbeiter, was Sie dem Anrufer das nächste Mal sagen sollen, und bestehen Sie hartnäckig auf das Nachkommen der Verpflichtung des Rückrufes.
- Wenn Sie selbst einen Rückruf zu einem bestimmten Zeitpunkt angeboten haben und feststellen, dass Sie den Termin nicht halten können, weil Ihnen zum Beispiel noch wichtige Unterlagen fehlen, scheuen Sie sich nicht, dem Anrufer auch zwischendurch Bescheid zu geben.

3.6 Wer fragt, der führt

Nichts ist raffinierter als ein paar gute Fragen: Der Gefragte hat das Gefühl, im Mittelpunkt zu stehen, weil ja seine Meinung gefragt ist. Er fühlt sich ernst genommen und „geehrt". Er antwortet meist bereitwillig, ohne zu merken, dass eigentlich der Fragende das Gespräch führt.

- Fragen können verführen: Der Gefragte glaubt, selbst auf die Lösung gekommen zu sein, und akzeptiert sie damit eher.
- Fragen schaffen ein positives Gesprächsklima und motivieren den Gesprächspartner, mehr von sich preiszugeben.
- Fragen signalisieren aktives Zuhören.
- Fragen stellen den Gesprächspartner in den Mittelpunkt.
- Fragen schaffen Dialog. Hartnäckige Schweiger am Telefon werden aus der Reserve gelockt.

- Fragen verpacken Kritik empfängerfreundlich. Entgegnungen in Frageform werden den Empfänger viel eher erreichen.
- Fragen zwingen den anderen, sich festzulegen, sich zu entscheiden.
- Fragen helfen, schwierige Gesprächssituationen zu meistern: Sie bringen den Partner wieder zum Thema zurück, sie überwinden Widerstände. Es entsteht kein Druck.
- Fragen liefern Informationen.
- Fragen lenken das Gespräch in die gewünschte Richtung.

Fragen sind somit eines der wichtigsten Instrumente menschlicher Kommunikation. Vor allem der letzte Punkt ist der entscheidende: Mit den richtigen Fragen können Sie ein Gespräch in die von Ihnen gewünschte Bahn lenken.

Es gibt viele verschiedene Arten von Fragen. Kommunikationsprofis können durch den richtigen und gezielten Einsatz von Fragen ein Gespräch von Anfang an bewusst führen. Es ist also wichtig, gleich zu Beginn eines Gespräches zu fragen – aber richtig! Der Grundsatz, es gäbe keine „dummen" Fragen, nur „dumme" Antworten, ist somit widerlegt! Es gibt sehr wohl „dumme", weil unpassende Fragen!

Wir haben für Sie einen kleinen „Fragenkompass" für Ihr Telefongespräch zusammengestellt, in dem wir die wichtigsten Fragearten und deren Einsatz aufgelistet haben.

3.6.1 Der Fragenkompass

Die offene Frage

Eine offene Frage wird so formuliert, dass die Antwort in Form eines ganzen Satzes erfolgen kann. Sie beginnt meist mit einem Fragewort. Man bezeichnet sie deswegen als offene Frage, weil sie eine Vielzahl von Antworten offen lässt. Das Thema ist weit gefasst. Antwortet der Gesprächspartner trotzdem nur kurz angebunden, stellen Sie am besten noch eine offene Frage, notfalls noch eine dritte. In der Kommunikationsfachsprache wird dies als „**Fragekette**" bezeichnet. Mehrere offene Fragen hintereinander zwingen den Partner geradezu, sich verbal zu öffnen.

Beispiele:

„Wie gefällt Ihnen dieser Vorschlag?"

„Was meinen Sie zu diesem Thema?"

„Was sind die Hauptziele Ihrer Marketingoffensive?"

Die geschlossene Frage

Im Gegensatz zur offenen Frage bietet die geschlossene Frage nur einen engen Spielraum für die Antwort. Sie wird nämlich so formuliert, dass als Antwort nur ein „Ja" oder „Nein" in Frage kommt. Sie liefert also eine knappe Information und ist daher nicht unbedingt geeignet, ein Gespräch in Gang zu setzen. Sie sollten Sie daher am Anfang eines Gespräches nur dann einsetzen, wenn Sie an einem ausführlichen Gedankenaustausch nicht interessiert sind. Geschlossene Fragen gelten als „Gesprächskiller". Sie sind dort angebracht, wo Sie einen „Vielredner" einbremsen wollen, seinen Redefluss zum Beispiel aus Zeitgründen stoppen müssen. Aber bitte vermeiden Sie geschlossene Fragen als Einleitung in ein interessantes Gespräch!

Beispiele:

„Haben Sie die Information erhalten?"

„Kennen Sie Frau Dr. Weber?"

„Verwenden Sie unsere neue Produktserie?"

Die Alternativfrage

Die Alternativfrage gibt dem Befragten zwei oder mehrere Antwort-Möglichkeiten. Sie zwingt ihn, sich zwischen den vom Fragesteller angebotenen Alternativen zu entscheiden. Diese Frage ist ein geeignetes Lenkungsinstrument, um ein Gespräch in eine gewünschte Richtung zu bringen. Der Gesprächspartner wird vor die Wahl gestellt, er kann entscheiden, jedoch wird der Ausgang des Gespräches durch die Alternativen vorherbestimmt. Da der andere aufgefordert wird, Stellung zu beziehen, ist diese Frageform auch dazu geeignet, ein Gespräch zu beleben. Ein kleiner Zusatztipp: Stellen Sie stets die für Sie angenehmere Variante an die zweite Stelle. Die meisten Menschen tendieren dazu, das zuletzt Gehörte zu präferieren - allerdings nur dann, wenn beide Varianten für sie auch gleichwertig sind.

Beispiele:

„Finden Sie Produkt C oder Produkt A interessanter?"

„Bevorzugen Sie einen Termin am Vormittag oder am Abend?"

„Reisen Sie mit dem Zug oder mit dem Auto an?"

Die Suggestivfrage

Mit dieser Frage lenken Sie ein Gespräch noch bewusster in eine gewünschte Richtung. Sie nehmen durch die Formulierung der Frage bereits die Antwort vorweg. Sie erwarten Zustimmung vom anderen. Gesprächsprofis verwenden diese

Frage immer dann, wenn sie aufkeimenden Widerstand spüren. Sie wollen auf diese Weise wieder die Gemeinsamkeiten betonen, ein positives Klima schaffen. Auch wenn der gemeinsame Nenner noch so klein ist, jedes „Ja" vom Gesprächspartner bedeutet eine positive Beeinflussung der Kommunikation. Setzen Sie auch diese Frageform zu Beginn eines Gespräches sehr sparsam ein, um dem anderen nicht das Gefühl des „Überrollens" bzw. der Manipulation zu geben.

☝ **Beispiele:**

„Finden Sie nicht auch, dass diese Lösung interessant ist?"

„Sehen Sie die Chance auch eher bei den Exporten?"

„Wollen Sie sich nicht auch für eine neue Vorgangsweise einsetzen?"

Die rhetorische Frage

Diese Frage ist eigentlich keine echte Frage, da der Fragesteller gar keine Antwort vom anderen erwartet, er gibt sich die Antwort gleich selbst. Rhetorische Fragen lockern die Sprechstruktur einer längeren Erklärung am Telefon auf und können so die Aufmerksamkeit der Zuhörer aufrechterhalten. Werden sie allerdings am Telefon zu häufig verwendet, wirken sie meist besserwisserisch. Nur wenn Sie zum Beispiel längere Episoden oder kompliziertere Zusammenhänge am Telefon erklären müssen, sind rhetorische Fragen zur Auflockerung erlaubt.

☝ **Beispiel:**

„Wie finden Sie uns? – Nehmen Sie die U-Bahn Nr. ..."

Ein altes chinesisches Sprichwort besagt:
„Wer fragt, ist ein Narr für fünf Minuten.
Wer nicht fragt, bleibt ein Narr für immer!"

3.7 Richtiges Zuhören am Telefon

„Auch Schweigen ist Kommunikation!“
Paul Watzlawick

✍ Selbstcheck: Was macht Ihrer Meinung nach richtiges Zuhören aus?

Kreuzen Sie an, was Ihnen wichtig erscheint:

	richtig	falsch
1. Voll auf den Partner konzentrieren	❍	❍
2. Wenn Sie schon wissen, worauf der andere hinaus möchte, gleich unterbrechen	❍	❍
3. Schwer Verständliches noch einmal mit eigenen Worten wiederholen	❍	❍
4. Unvoreingenommen zuhören	❍	❍
5. Den Gesprächspartner nie unterbrechen	❍	❍
6. Wenn der andere spricht, die Zeit gleich nutzen, um die eigenen Unterlagen zu ordnen	❍	❍
7. Unklarheiten sofort durch Zwischenfragen beseitigen	❍	❍
8. Sich in den Gesprächspartner hineinversetzen	❍	❍
9. Zustimmende Worte oder Laute signalisieren aktives Zuhören	❍	❍
10. Immer die eigene Sprechweise beibehalten, egal, wie laut, leise, langsam oder schnell der andere spricht	❍	❍

Nichts beweist das Interesse am anderen mehr, als ihm einfach nur zuzuhören. Wir leben in einer lauten, von aggressiver Kommunikation geprägten Welt. Jeder meint, nur dann zu punkten, wenn er besonders viel, laut und dominant spricht. Da hebt sich derjenige umso positiver ab, der auch einmal den anderen zu Wort kommen lässt, der seine Qualitäten als guter Zuhörer beweist. Besonders am Telefon ist es wichtig, dem anderen zuhören zu können – nur so erfährt man, was der andere wirklich möchte, und man kann das Gespräch professionell und zeitsparend führen!

Beispiel:

„Guten Tag, Frau Müller.“

„Ah, guten Tag, Frau Mayerhofer, lange nichts mehr von Ihnen gehört!“

„Ja, ich war jetzt für ein halbes Jahr in unserer Niederlassung in den USA, in San Diego."

„Was Sie nicht sagen, da war ich vor zwei Jahren mit meinem Mann, das war ja so was von interessant!"

„Ja, ich habe nur sehr wenig Zeit für Besichtigungen gehabt, die Arbeit war viel zu aufreibend."

„Also, der Strand dort, den muss man gesehen haben! Und so viele Menschen, alle ständig beim Joggen!"

„Die haben dort eine Arbeitseinstellung, da macht man sich bei uns keine Vorstellung. Die arbeiten auch am Wochenende durch."

„Heiß war es auch sehr, unser Hotel war aber sehr angenehm, echt luxuriös."

„Ich bin schon irgendwie froh, dass ich wieder hier bin ..."

„Also ich hab die Zeit dort echt genossen, mein Mann und ich werden sicher wieder hinfahren. So, jetzt hätten wir uns aber fast verplaudert! Was kann ich denn für Sie tun?"

Ob diese „nette Plauderei" wohl ein echter Stimmungsheber ist? Im Prinzip haben zwar beide von derselben Stadt gesprochen, aber sonst ziemlich aneinander vorbeigeredet. Keine hat auf die Aussagen der anderen reagiert, jede hat nur von ihren eigenen Erlebnissen und Erfahrungen erzählt. Gegenseitiges Interesse lässt sich hier schwer erkennen.

Kommt Ihnen so eine Gesprächssituation bekannt vor? Jeder ist meist mehr daran interessiert, die eigenen Gedanken möglichst schnell, laut und ungefiltert an den Mann zu bringen. Ob das den anderen interessiert, wird nicht hinterfragt. Echte Kommunikation als Austausch von Botschaften findet so nicht statt. Beide Gesprächspartner trennt wesentlich mehr als nur die räumliche Entfernung. Ein Spiegel als Gegenüber würde auch genügen, ja, das hätte auch noch den Vorteil, sich selbst nicht nur zuhören, sondern auch noch optisch bewundern zu können – und außerdem noch Telefonkosten zu sparen!

Zuhören ist noch aus einem anderen Grund speziell beim Gesprächseinstieg von Nutzen. Wie soll ich auf den anderen richtig eingehen, richtig reagieren, wenn ich nicht weiß, was er zu sagen hat? Geben Sie sich da nicht zufrieden mit dem, was Sie vom anderen erwarten oder glauben zu hören!

3.7.1 Die Grundregeln des Zuhörens

Hören Sie darauf, was der andere wirklich sagt!

Wer nicht zuhört, was der andere sagt, erkennt nicht, was der andere meint!

Häufig haben wir das Gefühl, der andere hört nicht zu und egal, was man auch versucht, er fragt immer wieder nach ähnlichen Dingen. Der andere wiederum behauptet nach dem Telefongespräch, er hätte den Sachverhalt von niemandem richtig erklärt bekommen. Das kann doch nicht sein, denken Sie. Wozu habe ich das sehr ausführlich erklärt? Was ist nun wahr?

Für jeden ist das wahr, was er gehört hat.

Wahrheit ist also sehr subjektiv! Das ist eine Tatsache, an der wir nicht vorbeikommen. Wir müssen daher, wenn wir selbst eine Botschaft an den anderen weitergeben, immer damit rechnen, dass dieser sie anderes „wahr"nimmt. Trotzdem sollten wir uns mit dieser Tatsache nicht einfach abfinden, sondern versuchen, der Wahrheit des anderen auf die Spur zu kommen!

Wer nicht erkennt, was der andere meint, kann nicht richtig antworten!

Will ich am Telefon die richtigen Argumente finden, will ich den anderen überzeugen, ist es daher in meinem Interesse, zunächst richtig zuzuhören. Nur so kann ich auf **seine** Fragen und Probleme eingehen. Ein Argument überzeugt nicht einfach dadurch, dass es für sich genommen so schlagkräftig ist, sondern weil es den Kern dessen trifft, was der andere wirklich gemeint hat.

Mit einem guten Argument holen Sie den anderen dort ab, wo er gerade steht!

Das Problem des richtigen Zuhörens liegt jedoch nicht immer in der eigenen Wahrnehmung. Das Problem liegt vielmehr oft darin, dass nicht jeder das sagt, was er denkt. Wie soll ich hören, was der andere wirklich meint, wenn er nur belanglose Floskeln von sich gibt? Oder wenn er seine Meinung gar nicht ausdrücken kann? Oder vielleicht gar nicht wirklich weiß, was er will? Erschwerend kommt am Telefon auch noch dazu, dass man den Gesprächspartner ja auch nicht sieht, also keine Zusatzinformationen durch seine nonverbale Kommunikation erhält. Hier wird deutlich, wie kompliziert Telefonieren manchmal sein kann!

Wir haben verlernt, unsere Gefühle und Einstellungen klar auszudrücken. Unser Misstrauen gegenüber anderen und vor allem die Befürchtung, missverstanden zu werden, verleiten uns zu den eigenartigsten Äußerungen. Wir verhalten uns taktisch. Oder wir verhalten uns „regelkonform". Oft sprechen wir gerade am Telefon nicht über unsere wahren Gefühle.

Richtig zuhören heißt, auch am Telefon „zwischen den Zeilen" zu lesen. Nicht nur der eigene persönliche Filter muss dabei umgangen werden, sondern auch der des anderen. Wir kommen dieser Wahrheit aber nicht durch Eigeninterpretation des Gesagten auf die Spur, sondern allein durch aktives Zuhören!

3.7.2 Das 10-Stufen-Programm zum aktiven Zuhören

1. **Konzentrieren Sie sich voll auf das Gespräch.** Lassen Sie sich nicht durch die Umgebung ablenken. Wer gleichzeitig versucht, alle anderen Menschen im Raum zu begutachten, kann nicht richtig zuhören. Vor allem merkt der andere die mangelnde Aufmerksamkeit, deutet sie als Desinteresse und rückt mit seiner wahren Meinung erst gar nicht heraus.

2. **Schauen Sie durch die Brille des Gesprächspartners.** Versuchen Sie, die Dinge mit seinen Augen zu sehen. Nur, wer sich in den anderen hineinversetzt, kann ihn auch verstehen. Dieses Verhalten verlangt einiges Training. Üben Sie es – egal, ob in der Familie, im Freundeskreis oder am Arbeitsplatz. Fragen Sie sich einfach auch ohne besonderen Anlass, wie der andere wohl gerade empfindet. Je öfter Sie dieses Hineinschlüpfen in die Rolle des anderen praktizieren, desto besser und vor allem selbstverständlicher wird es Ihnen gelingen.

3. **Fragen Sie bei Unklarheiten sofort nach.** Ihr Gesprächspartner merkt dadurch, dass Ihr Interesse echt ist und Sie wirklich zuhören. Wenn sich einmal eine unrichtige Schlussfolgerung in Ihrem Kopf festgesetzt hat, ist es schwer, wieder davon loszukommen. Missverständnisse entstehen gerade durch Kleinigkeiten. Auch scheinbar unwichtige Details werden im Zusammenhang wichtig. Richtiges Verständnis entsteht durch kleine Schritte. Ich kann nicht darauf hoffen, dass mir bei der Verabschiedung plötzlich alles klar wird. Hat der Gesprächspartner erst einmal aufgelegt, wird es meist mühsam, offene Fragen zu klären.

4. **Signalisieren Sie Ihre Empfangsbereitschaft durch das Aufschreiben von Notizen.** Sobald der Gesprächspartner merkt, dass Sie mitschreiben, spürt er auch durchs Telefon, dass Sie ihm gerade die volle Aufmerksamkeit schenken. Ein kurzes „Mhhm“ oder „Ja“, bei dem die Stimme am Ende hinaufgeht oder ein *„Ja, ich verstehe“* sind ebenfalls akustische Zuhörsignale.

5. **Wiederholen Sie schwierig Verständliches noch einmal mit Ihren eigenen Worten.** Stellen Sie sicher, dass Sie den anderen auch wirklich richtig verstanden haben. Etwa mit den Worten: *„Sie meinen also, dass ...“* So animieren Sie Ihren Gesprächspartner, seine Ansicht noch einmal darzulegen. Er wird kaum die gleichen Worte wählen, und Sie bekommen damit weitere Hinweise, um ihn besser zu verstehen. Hat jemand zum Beispiel seine erste Aussage nicht ganz so ernst gemeint, schwächt er den Inhalt meist bei der Wiederholung etwas ab. Ist er jedoch felsenfest davon überzeugt, wird er sie beim zweiten Mal weiter bestätigen. Auf jeden Fall fühlt er sich ernst genommen, da Sie mit Ihrem Feedback dokumentieren, dass Sie genau zuhören und vor allem auch mitdenken.

6. **Lassen Sie den anderen aussprechen.** Nur wer sich eine Frage auch bis zum Schluss anhört, kann sie wirklich beantworten. Viele Telefongespräche verlaufen unproduktiv, weil das Ende einer Frage nicht abgewartet wird. Wir antworten meist auf das, was wir glauben, dass der andere fragen will. Das stimmt

nicht immer mit dem überein, was der andere wirklich hören will. Außerdem gewinnen Sie Zeit, wenn Sie warten, bis der andere ausgesprochen hat. Sie können sich in Ruhe überlegen, was Sie antworten. Und blicken Sie dabei durch die Brille des anderen, das führt meist zu einer passenden Antwort.

7. **Rücken Sie die eigenen Emotionen zunächst in den Hintergrund.** Werden Sie vom Anrufer zum Beispiel gleich zu Gesprächsbeginn angegriffen, fällt es schwer, nicht sofort Stellung zu beziehen oder sich zu verteidigen. Meist ist es dann eine echte Geduldsprobe, vorerst den vielleicht auch noch umständlichen Ausführungen eines anderen zu lauschen. Starke eigene Emotionen blockieren jedoch die Aufnahme. Man reagiert dann oft gar nicht auf das, was der andere wirklich sagt. Hier blockieren die Emotionen die Aufnahme. Je besser es Ihnen also gelingt, sachlich zu bleiben, desto besser können Sie zuhören. Und je mehr Sie sich auf den anderen und das, was er sagt, konzentrieren, desto ruhiger werden Sie. So fangen Sie zwei Fliegen mit einer Klappe.
8. **Unterbrechen Sie den Gesprächspartner möglichst nicht.** Schon gar nicht zu Beginn eines Gespräches! Unter Zeitdruck haben viele am Telefon die Tendenz, gerade in der ersten Gesprächsphase den anderen zu unterbrechen – wir wollen das Gespräch ja möglichst schnell beenden und wissen meist ja ohnehin, was der andere sagen wird. Für eine gute Gesprächsbasis ist es jedoch wichtig, dass der Gesprächspartner das Gefühl bekommt, einen guten Zuhörer am anderen Ende der Leitung zu haben. Müssen Sie im späteren Verlauf des Gesprächs den anderen doch einmal unterbrechen, dann tun Sie das bitte immer, indem Sie ihn mit seinem Namen ansprechen.
9. **Vermeiden Sie Verlegenheitsmonologe.** Manche Gesprächspartner am Telefon sind mühsam und kosten Zeit. Sie schweigen sich aus und verleiten uns dazu, mehr zu reden, als wir eigentlich geplant haben. Je mehr Sie reden, desto mehr verstummt der andere. Ihr Gesprächspartner hat während Ihres Monologes vielleicht schon längst geistig „abgeschaltet“, Sie strapazieren ganz umsonst Ihre Rednerkünste.
10. **Achten Sie von Anfang an auf das Feedback des anderen.** Es gibt Ihnen Auskunft darüber, wie Ihre Argumente ankommen. Feedback kann in vielen Formen erfolgen: Ein zustimmendes „Mhm“, ein gedehntes „Ahaa“ oder ein kurzes „Wie?“ liefern die Anhaltspunkte. Aktiv Zuhören bedeutet, auch diese kleinen Zeichen der Zustimmung oder Ablehnung wahrzunehmen. Seien Sie dankbar für Feedback, auch wenn es sich in offener Kritik äußert. Sie wissen, woran Sie sind. Es ist besser, Sie können sofort auf Kritik eingehen, als der andere zeigt Ihnen mit keiner Regung seine wahre Einstellung Ihnen gegenüber und lässt seinem Unmut erst im Nachhinein, möglicherweise an höherer Stelle, freien Lauf.

Aktives Zuhören ist wesentlich einfacher, als es erscheinen mag. Wer sich bewusst auf den anderen einstellt und durch seine positive Grundhaltung ein angenehmes Gesprächsklima schafft, ist vom ersten Moment an ein beliebter Gesprächspartner.

✍ Selbstcheck: Bin ich ein guter Zuhörer? Analysieren Sie Ihr „Zuhörverhalten".

	oft	manchmal	nie
1. Ich treffe voreilige Urteile. Nach ein paar Worten des Anrufers weiß ich genau, was er will.	❍	❍	❍
2. Ich rede zu viel. Mein Gesprächspartner kommt kaum zu Wort, dadurch kann er auch keine unnützen Einwände erheben.	❍	❍	❍
3. Ich kenne das Lieblingsthema meines Stammkunden: Ich höre schon gar nicht mehr hin, wenn er mit seinem Standardthema beginnt. Warum er gerade darauf so fixiert ist, habe ich mir noch nie überlegt.	❍	❍	❍
4. Ich ertappe mich oft dabei, an andere Probleme zu denken, während mein Anrufer spricht. Mein optimaler Arbeitsplatz erlaubt mir, die Zeit auch für andere Arbeiten, z. B. am Bildschirm, zu nutzen.	❍	❍	❍
5. Es lenkt mich total ab, wenn mein Kunde sich häufig räuspert, „ah" und „eh" sagt und immer wieder den Faden verliert.	❍	❍	❍
6. Ich telefoniere besonders gerne nach dem Mittagessen, da kann ich mich beim Zuhören richtig entspannen.	❍	❍	❍
7. Ich plane meine Gespräche sehr gut, und wenn ich mein Stichwort höre, rede ich gleich drauflos.	❍	❍	❍
8. Wenn mein Kunde *„Ja, aber ..."* sagt, weiß ich genau, dass ein Einwand folgt und überlege mir sofort, was ich entgegnen werde.	❍	❍	❍
9. Ich beurteile die Äußerungen meines Kunden („Was er da gerade sagt, ist Unsinn!"). Da muss ich erst gar nicht die „Kundenbrille" aufsetzen, er sieht die Dinge sowieso falsch!	❍	❍	❍

10. Ich bin nun einmal ein impulsiver Typ: Wenn ich anderer Meinung bin, muss ich das sofort kundtun, auch wenn ich den anderen unterbreche. So bin ich nun einmal, so kennen mich alle.	❍	❍	❍
11. Die allgemeine Hektik um mich herum stört mich beim Telefonieren. Aber ich glaube, dass es einen guten Eindruck beim Kunden hinterlässt, wenn er die Geschäftigkeit in unserer Firma bemerkt.	❍	❍	❍
12. Meine Familie/Freunde werfen mir vor, dass ich nur das höre, was ich hören will *(„Auf dem Ohr bist Du taub.“)*.	❍	❍	❍

Wenn Sie wirklich ehrlich waren, haben Sie sich in einigen Aussagen sicher wiedererkannt. Machen Sie sich eine Liste mit Ihren Hauptfehlern und suchen Sie anhand des in diesem Abschnitt Erlernten nach Lösungen.

Meine Hauptfehler	Meine Lösungsansätze

Wichtig: Zuhören bedeutet nicht zwingend, den anderen verstehen. Aber es ist ein guter Anfang.

3.8 Überzeugend am Telefon argumentieren

Sie haben sich gewissenhaft auf Ihr Telefongespräch vorbereitet und eine Liste von Argumenten für Ihr Gespräch erstellt – es wird Ihnen aber in der Praxis wohl kaum gelingen, alle Argumente Punkt für Punkt durchzugehen. Leider verläuft ein Gespräch nicht immer genau nach Fahrplan. Der andere stellt Zwischenfragen und bringt Sie aus Ihrem vorbereiteten Konzept. Nach Beendigung des Gespräches stellen Sie fest, dass Sie Ihr wichtigstes Argument gar nicht ins Treffen geführt haben!

Was also tun? Wie formulieren Sie nun Ihre Argumente und welche wählen Sie aus?

Gehen Sie stufenweise vor:

1. Schritt: Überzeugende Argumente formulieren

- Gute Argumente sind stets den Bedürfnissen des Gesprächspartners angepasst.
- Argumente müssen für den anderen interessant sein, seine Aufmerksamkeit wecken.
- Argumente müssen allerdings auch glaubwürdig sein und auf belegbaren und leicht nachvollziehbaren Fakten beruhen.
- Sie sollten überschaubar, verständlich und einprägsam formuliert sein.
- Halten Sie sich jedoch stets kurz, formulieren Sie klar und prägnant.
- Betonen Sie den **Nutzen** für den Gesprächspartner.
- Packen Sie nicht zu viele Argumente in ein Gespräch. Als Faustregel gilt: Sie sollten maximal drei Argumente pro Gespräch ins Treffen führen. Mehr wird von anderen nicht verarbeitet – und wahr ist schließlich nur immer das, was der andere auch gehört (und sich gemerkt) hat.
- Manchmal ist es günstig, seine Argumente in Frageform zu verpacken (*„Finden Sie nicht auch, dass eine monatliche Überprüfung Ihrer Maschinen die Lebensdauer entscheidend verlängern würde?“*).

2. Schritt: Die Argumente richtig reihen

- Nicht jedes Argument ist gleich überzeugend. Es ist daher notwendig, die Argumente nach ihrer Überzeugungskraft zu reihen, um sie auch gezielt im richtigen Moment einsetzen zu können.
- Reihen Sie die Argumente immer aus der Sicht des Gesprächpartners. Was für Sie sehr überzeugend klingt, muss es für den anderen noch lange nicht sein.
- Das stärkste Argument kommt immer zum Schluss! Verschießen Sie Ihr Pulver nicht vorzeitig. Wer mit seinem besten Argument beginnt, hat später nichts mehr nachzulegen und kann so leicht Stück für Stück widerlegt werden.
- Beginnen Sie mit einem „mittelstarken“ Argument, einem, das geeignet ist, das Interesse des anderen zu wecken, aber doch „Spielraum nach oben“ zulässt.
- Weniger stichhaltige Argumente kommen in die Mitte (= Sandwichtechnik). Da können Sie dann gut mit dem anderen diskutieren und auch seine Argumente anhören.
- Wenn Ihr Gesprächspartner aber meint, er hätte schon Oberwasser in seiner Argumentation, dann kommt Ihre „stärkste argumentative Waffe“.

3. Schritt: Lenken Sie das Gespräch in Ihre Richtung

- Wenn Sie merken, dass der andere beginnt, das Gespräch in andere Bahnen zu lenken, dann wird es Zeit, gegenzusteuern. Stellen Sie Fragen und bringen Sie so den anderen dazu, zu reagieren, statt selbst zu lenken.
- Durch die richtigen Fragen (siehe Fragenkompass) lenken Sie nun das Gespräch wieder in die von Ihnen gewünschte Richtung.
- Merken Sie sich im Verlauf des Gespräches stets jenen Punkt, bei dem Sie beide noch einer Meinung waren. Wird es kritisch, weil der andere permanent Einwände vorbringt, dann kommen Sie auf diesen letzten gemeinsamen Nenner zurück. So begeben Sie sich wieder auf neutrales Terrain, von dem aus sich ein Kompromiss leichter erzielen lässt.
- Behalten Sie immer Ihr stärkstes Argument im Auge. Es sollte (in Stichworten) so vor Ihnen liegen, dass Sie es immer sehen und so sicher nicht vergessen.
- Legen Sie sich aber vor dem Gespräch einen angestrebten „Ergebnis-Spielraum" fest. So können Sie leichter auf Kompromissvorschläge des anderen eingehen – ohne das Gefühl, über den Tisch gezogen worden zu sein.

☞ **Tipp:**

Wenn Sie Ihr Ziel und den Nutzen des Kunden genau vor Augen haben, verwenden Sie eine „Argumentationskette" – drei Argumente, wohlüberlegt aneinandergereiht, führen zum Erfolg: Wie in einem guten Drehbuch – die Handlung wird aufgebaut, die Spannung steigt, die interessantesten Punkte werden mit einem Scheinwerfer beleuchtet und am Schluss folgt das Happy End – der positive Gesprächsabschluss!

3.9 Die Phasen eines Gespräches am Telefon

Die meisten Telefongespräche durchlaufen mehrere Phasen:

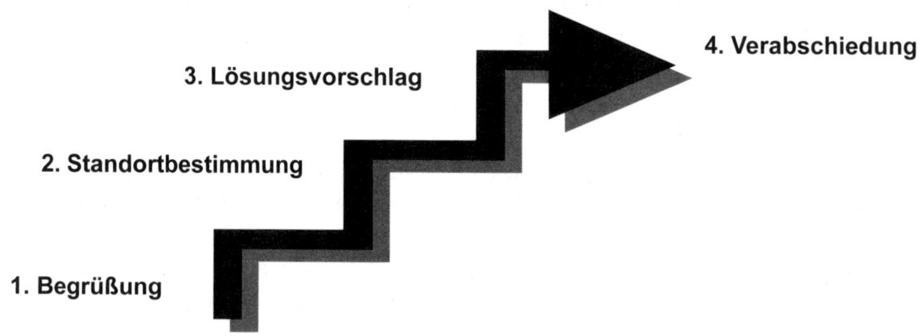

1. Die Begrüßung und Kontaktaufnahme

Ein guter Einstieg in ein Gespräch basiert stets auf einer guten emotionalen Basis. Sofort mit der Sache zu beginnen wäre wie mit der Tür ins Haus zu fallen. Diese Phase dient daher der emotionalen Wahrnehmung des Gesprächspartners. Hier zählt vor allem der erste Eindruck: Wie schon in Kapitel 3.1 ausgeführt, wird damit die Basis für die Verständigung gelegt. Nicht umsonst wird immer wieder von der „telefonischen Visitenkarte" gesprochen. Wem es gelingt, in dieser Phase den Gesprächspartner emotional „abzuholen", der hat meist den wichtigsten Schritt bereits getan.

2. Die Standortbestimmung

Ist der emotionale Einstieg geschafft, kann das Gespräch auf die Sache gelenkt werden. Jetzt geht es darum, herauszufinden, was der andere genau will, welches Ziel er verfolgt. Sie können später noch so professionell argumentieren, wenn Ihre Argumente nicht den wahren Hintergrund des anderen betreffen, werden Sie nicht punkten. In dieser Phase sind vor allem die richtigen Fragen und aktives Zuhören gefragt. So wird abgeklärt, was der andere will, und der eigene Aktionsradius abgesteckt.

3. Der Lösungsvorschlag

Haben Sie erkannt, was der andere will, liegt es an Ihnen, aktiv zu werden. Wer nicht gleich einen Lösungsvorschlag parat hat, der kann durch nochmaliges Nachfragen („Klärungsfragen" – *„Habe ich richtig herausgehört, Sie möchten ..."*) Zeit gewinnen. Ist der eigene Vorschlag im Geiste einmal abgeklärt, geht es darum, den anderen nicht zu „überfahren". Auch wenn Sie noch so überzeugt von Ihrem Vorschlag sind – es ist Ihr Gesprächspartner, den Sie überzeugen wollen. Formulieren Sie Ihre Argumente daher immer aus der Sicht des anderen (siehe Kapitel 3.5). Es geht in dieser Phase vor allem darum, dem anderen Sicherheit zu vermitteln. Wenn er sich verstanden fühlt, geht er eher auf Ihre Vorschläge ein oder zeigt sich kompromissbereit. Bei dem Lösungsvorschlag geht es nicht unbedingt um eine gesamtheitliche Lösung, die alle angesprochenen Probleme aus dem Weg schafft: Auch das Angebot eines Rückrufs durch den verantwortlichen Mitarbeiter, das Abklären weiterer Details oder das Nennen einer Durchwahl eines abwesenden Mitarbeiters können solche (Minimal-)Lösungen sein.

4. Die Verabschiedung

Hat man sich inhaltlich geeinigt, ist ein geordneter Ausstieg aus dem Gespräch gefragt. Wenn der Anrufer jetzt das Gefühl bekommt, er wird möglichst schnell aus der Leitung geworfen, kann es passieren, dass er nochmals nachhakt und das Gespräch nochmals von vorne aufgerollt wird. Gerade auch am Schluss muss der andere das Gefühl bekommen, Sie hätten alle Zeit der Welt für ihn. Was allerdings nicht bedeutet, dass Sie sich jetzt in langatmigen Worttiraden verlieren sollten. Es geht um eine kurze, persönliche Verabschiedung:

- Nennen Sie nochmals seinen Namen.
- Fassen Sie die Fakten noch einmal kurz zusammen.
- Wiederholen Sie, was Sie tun werden.
- Bedanken Sie sich.
- Verabschieden Sie sich.

Das Ende eines Gespräches ist genauso wichtig wie der Einstieg. Es geht schließlich um das positive Gefühl, das beim Gesprächspartner zurückbleibt, nachdem er aufgelegt hat. Bilden Sie so eine Art emotionale Klammer um die „sachlichen Teile" Ihres Gespräches. Damit fühlt sich der andere wirklich wahrgenommen und verstanden. Der Grundstein für das nächste Gespräch und eine erfolgreiche weitere Geschäftsbeziehung ist so gelegt.

3.10 Informationen festhalten

Ein wichtiger Bestandteil professionellen Telefonverhaltens ist das Notieren relevanter Informationen. Selbst der größte Profi kann sich nicht alles merken. Der Kunde am anderen Ende merkt genau, wenn Sie schreiben. Ein Teil Ihrer Aufmerksamkeit ist nicht mehr ihm gewidmet. Andererseits fühlt er sich wichtig und ernst genommen, wenn Sie von ihm Gesagtes notieren – setzen Sie dieses Mittel ruhig bewusst ein: *„Ihr Vorschlag gefällt mir sehr gut, ich möchte mir das gerne notieren ..."*

Die Informationen, die Sie notieren, sollten stets kurz, übersichtlich und präzise formuliert sein. Es geht dabei nicht um die äußere Form, sondern um die Wiederverwertbarkeit der Information. Vielfach helfen Telefonnotizen auch bei der Aktualisierung der Kundendatei. Übertragen Sie daher bitte neue Informationen, wie z. B. eine neue Handynummer, unverzüglich in die entsprechende Datenbank.

Um sich die Arbeit des Mitschreibens zu erleichtern, empfiehlt sich die Verwendung von Vordrucken:

- Sie helfen, das Gespräch zu strukturieren.
- Sie geben Sicherheit.
- Sie vermeiden eine unübersichtliche „Zettelwirtschaft".
- Sie ermöglichen eine einheitliche Informationsweitergabe.
- Sie dokumentieren das Gespräch.
- Sie helfen bei der Nachbearbeitung.

Je nach Unternehmen macht es Sinn, solche Vordrucke zu erstellen, die individuell und an den eigenen Bedarf angepasst werden können. Wir empfehlen darüber hinaus im Sinne von Teamarbeit und positiver Arbeitstechnik, dabei auch gleich einige firmeninterne Standards zu vereinbaren und den Vordruck für Telefonnotizen allen (auch elektronisch) zugänglich zu machen. Nutzen Sie die Inputs Ihrer Kollegen, so können Sie nützliche Anregungen bei der Gestaltung des firmeneigenen Vordrucks einfließen lassen. Das hat den zusätzlichen Nebeneffekt, dass die firmeninterne Akzeptanz eines neuen Arbeitsformulars viel größer ist, wenn die Mitarbeiter das Gefühl haben, bei der Erarbeitung beteiligt gewesen zu sein.

Einige Fragen, die Sie sich vor der Erstellung eines solchen Vordrucks vor Augen halten sollten:

- Wer ist der Gesprächspartner? (Name, Titel, Unternehmen)
- Worum geht es?
- Welche Uhrzeit?
- Welches Datum?
- Wer nimmt das Gespräch entgegen?
- Was muss erledigt werden, von wem und bis wann?
- Was ist schon passiert?
- Welche Information fehlt noch?
- Für wann wird ein Rückruf vereinbart?
- Wird ein Bestätigungs-E-Mail versendet?
- Welche Priorität hat die Angelegenheit?
- Wer muss noch informiert werden?
- Was ist sonst noch wichtig?

Ergänzen Sie gegebenenfalls auch nach Beendigung des Telefonates Ihre Notizen. Für diese kurze Phase der direkten Nachbearbeitung sollte immer Zeit sein. Manche Inhalte eines Gespräches sind schließlich auch von rechtlicher Relevanz und eine klare Dokumentation kann spätere aufwendige Recherchen ersparen helfen. Sollten Sie als Bestätigung und Zusammenfassung eine E-Mail an den Anrufer senden, hilft diese Telefonnotiz ebenfalls.

☞ **Beispiel für ein Telefon-Notiz-Formular (wobei die graphische Gestaltung Ihnen überlassen bleibt):**

ANRUFE FÜR:						
TAG:						
ZEIT	ANRUFER	INHALT	WER IST ZUSTÄNDIG/ VERANTWORT-LICH	RÜCKRUF/ E-MAIL – WANN?	ABC-PRIORITÄT	SONSTIGES

3.11 Zusammenfassung

Für ein gutes Telefongespräch ist ein perfekter Start die beste Grundlage. Dabei geht es vor allem um das Erzielen eines positiven ersten Eindrucks: Der richtige Zeitpunkt des Abhebens, die korrekte Begrüßung und die Wichtigkeit des Namens des Anrufers stehen dabei im Vordergrund.

Die richtigen Formulierungen bilden das Gerüst des Gespräches. Wem es gelingt, dabei Sache und Emotion auch verbal auseinanderzuhalten, prägnant und positiv zu formulieren und dabei freundlich, aber trotzdem bestimmt und ohne Möglichkeitsformen zu sprechen, der ist auf dem richtigen Weg zum erfolgreichen Gesprächsergebnis. Ein Mosaikstein zum Erfolg ist außerdem eine verständliche Ausdrucksweise, ohne Fachvokabular und stets aus der Sicht des Anrufers, sowie ein Vermeiden diverser „Killerphrasen" wie z. B. unnötiger Entschuldigungen.

Auch richtiges Weiterverbinden und das Anbieten eines Rückrufes will gelernt sein. Vermeiden Sie dabei das typische „Telefon-Deutsch" *(„Ich leg Sie kurz um")* und beweisen Sie dem Anrufer, dass Sie es mit einem Rückruf ernst meinen, indem Sie einen Termin für diesen Rückruf vereinbaren und diesen auch tatsächlich einhalten.

Die richtigen Fragen sind ebenfalls ein Erfolgsfaktor professioneller Gesprächsführung am Telefon. Wer fragt, der führt – diesen Grundsatz sollten Sie nie aus den Augen verlieren. Die richtige Frage am richtigen Ort kann ein Gespräch positiv beeinflussen und das für Sie gewünschte Ergebnis hervorbringen.

Wer fragt, sollte auch zuhören können. Den Nutzen des anderen, seine Beweggründe und versteckten Motive kann nur herausfinden, wer diese Kunst beherrscht. Überzeugende Argumente finde ich als Anrufer dann in der Folge leichter: Ich kann aus der Sicht des anderen argumentieren, seinen Nutzen in den Vordergrund rücken. Entscheidend dabei ist auch die richtige Reihung der eigenen Argumente im Gesprächsverlauf. Wer mit dem stärksten Argument beginnt, hat sein Pulver verschossen, bevor das Gespräch richtig begonnen hat. Es sollte daher immer für den Schluss aufbewahrt werden. Zu viele Argumente sind ebenfalls kontraproduktiv. Mehr als drei Gedankengänge am Stück sollten nicht in ein Telefongespräch verpackt werden.

Bauen Sie Ihr Telefongespräch strategisch auf: Die richtige Begrüßung als Einstieg, eine klare Standortbestimmung und ein darauffolgender Lösungsvorschlag sind die zentralen Bestandteile auf der „Treppe zum Telefonerfolg". Gekrönt wird Ihr Bauplan durch eine positive Verabschiedung als Basis für die Verständigung oder für einen weiteren Anruf.

Wer dann auch noch gleich von Beginn des Gespräches weg die wichtigen Eckdaten schriftlich festhält, hat die wesentlichsten Dinge für ein erfolgreiches Telefongespräch beachtet. Denn das beste Gespräch nützt wenig, wenn dem Vereinbarten keine Taten folgen. Wer einen Rückruf verspricht, sollte auch wissen, wann er diesen durchführt und mit welchem Inhalt. Sämtliche relevanten Informationen sollten dokumentiert werden.

Der Erfolg am Telefon besteht aus vielen kleinen Bausteinen, und alle zusammen ergeben ein solides Gebäude.

4. DAS TELEFON ALS VERKAUFS- UND PR-INSTRUMENT

Wer das Telefon auch als aktives Verkaufsinstrument, wie z. B. für das Anbieten von Produkten oder zur Terminvereinbarung, nutzt, sollte über die im vorigen Kapitel beschriebenen Grundlagen erfolgreicher Gesprächsführung hinaus noch einige Besonderheiten beachten.

Wir konzentrieren uns im Folgenden auf die verkaufsspezifischen Extras am Telefon:

4.1 Kundenkontakte aktiv gestalten

4.1.1 Kundenauswahl

Aktiver Telefonverkauf wird von vielen Mitarbeitern nicht gerade geliebt. Einfach irgendwo anzurufen und dem ahnungslosen Gesprächspartner etwas „aufzuschwatzen" erfordert Mut und Selbstvertrauen. Denn nur allzu oft holt man sich dabei eine Abfuhr. Der Angerufene reagiert unwirsch, ungeduldig und verärgert. Wer nicht um einen Anruf gebeten hat, wird unter dem Zeitdruck, der auf uns allen lastet, auch schon einmal unfreundlich und manchmal sogar beleidigend. Dabei ruhig zu bleiben und das Gesagte nicht persönlich zu nehmen, fällt oft schwer.

So mancher aggressiv auftretende Telefonverkäufer hat dieses Negativimage zusätzlich geprägt. Distanzieren Sie sich bewusst und auch innerlich von allzu aggressiven Methoden. Wer „auf Teufel komm raus" am Telefon verkaufen will, darf sich über Misserfolge nicht wundern. Selbst ein irgendwie erpresstes „Ja" vom Kunden ist aus unserer Sicht noch lange kein Erfolgsgarant. Zu groß ist die Gefahr, dass der Kunde seine Zustimmung widerruft, was zusätzlichen Aufwand und vor allem auch ein geschädigtes Image des Unternehmens nach sich zieht.

Gestalten Sie daher auch im Verkauf Ihre Kundenkontakte aktiv und kundenfreundlich. Nur wer auch – zumindest theoretisch – Interesse an Ihrem Produkt hat, sollte kontaktiert werden.

Ihre Kundendatei und Ihre Liste möglicher Neukunden ist dabei Ihre größte Hilfe (siehe Kapitel 1.6). Nutzen Sie dabei in erster Linie jedes Ihnen zur Verfügung stehende Potenzial im eigenen Unternehmen. Wer hatte mit welchen potenziellen Neukunden Kontakt?

Haben Sie ein Unternehmen identifiziert, das für Ihre Akquisitionstätigkeit in Frage kommt, ist es wichtig, die richtige Ansprechperson innerhalb dieses Unternehmens zu ermitteln:

☑ Checkliste: Ermittlung der Zielperson

1. Wer ist der Unternehmensleiter?

2. Wer ist für den Bereich, in dem ich anbieten möchte, verantwortlich?

3. Wer ist für den Einkauf verantwortlich?

4. Mit welchen Personen dieses Unternehmens hatten wir schon Kontakt?

5. Gibt es bereits E-Mail- oder Briefkontakt?

6. Wer könnte mein angebotenes Produkt dort hauptsächlich nutzen?

7. Gibt es schon andere Produkte aus unserem Haus in diesem Unternehmen?

8. Wer ist der/die Assistent/in meines potenziellen Ansprechpartners?

9. Wie schreibt sich sein/ihr Name, hat er/sie einen Titel, und wie ist seine/ihre Position im Unternehmen?

10. Wer hat sonst noch Interesse an Neuerungen/unseren Produkten?

11. Welcher Zeitpunkt ist günstig?

Haben Sie einmal Ihren Ansprechpartner eruiert, können Sie beginnen, Ihr Verkaufsgespräch genau zu planen. (Siehe Kapitel 1: Kundenbrille, Sammeln und Aufbereiten der Vorinformationen, der richtige Zeitpunkt etc.)

4.1.2 Festlegen eines Gesprächskonzeptes

Zur guten Planung eines aktiven Telefonates gehört das Festlegen eines klaren Gesprächkonzeptes. Machen Sie diesen Planungsschritt immer schriftlich. So schaffen Sie mehr Übersicht, auch in Ihren Gedanken. Dadurch fällt es Ihnen leichter, wichtige Punkte nicht zu vergessen. Vor allem können Sie auch nach dem Gespräch besser kontrollieren, ob Sie alle wesentlichen Gedanken und Argumente untergebracht haben - die Erfolgskontrolle ist der Schlüssel zu zukünftigen Verkaufserfolgen!

☑ Checkliste: Bestandteile eines Gesprächskonzeptes

1. Meine Gesprächsziele

____
____
____
____
____
____

2. Meine Gesprächseröffnung

____
____
____
____
____
____

3. Mein Gesprächsaufbau

____
____
____
____
____

4. Meine Argumente

5. Meine Fragen

6. Fakten, die der Kunde erfahren soll

7. Der Hauptnutzen meines Produktes

8. Kompromissvorschläge, Verhandlungsspielraum

9. Die richtige Verabschiedung

4.2 Bedarfsermittlung am Telefon

Sobald Sie Ihre Vorbereitung abgeschlossen haben, können Sie zum Hörer greifen. Für den Einstieg ins Verkaufsgespräch gelten die in Kapitel 3.1 beschriebenen Grundsätze. Beginnen Sie Ihr Gespräch professionell und beachten Sie die Wirkung Ihres ersten Eindrucks.

Als nächster Schritt finden Sie heraus, was der Kunde wirklich will. Das Ziel dabei ist es,

- den genauen Bedarf des Kunden zu ermitteln,
- seine Kaufmotive zu erkennen und
- das passende Angebot sowie die passende Verpackung zu finden.

Lösen Sie sich von dem Gedanken, dem Kunden etwas „einreden“ zu müssen – denken Sie lieber an den Grundsatz: **Verkaufen bedeutet Probleme lösen!**

Entscheidend ist dabei die Auseinandersetzung mit der Situation des Kunden. Ihr Angebot hat nur dann eine Chance, vom Kunden akzeptiert zu werden, wenn es seinem tatsächlichen Bedarf entspricht und er auch motiviert ist bzw. einen Ansporn erhält, zu kaufen.

Zwei Informationen sind daher in dieser Phase für Sie besonders wichtig:

- Welchen Bedarf hat der Kunde?
- Welche Kaufmotive hat der Kunde?

4.2.1 Der Kundenbedarf

Hier gilt es abzuklären, **welches Produkt** Ihr Kunde benötigt und **unter welchen Rahmenbedingungen** er es einsetzen kann.

- Stellen Sie **Fragen**: möglichst offene Fragen, um ein umfassendes Bild der Kundensituation vor Ihren Augen entstehen zu lassen.
- **Hören Sie genau und aktiv zu**! Hören Sie vor allem auch „zwischen den Worten“. Da verrät Ihnen Ihr Kunde viel mehr als mit den eigentlichen Worten.

Mit diesen beiden unentbehrlichen Werkzeugen des professionellen Verkaufes haben wir uns schon ausführlich befasst. Sie werden also diese Hürde mühelos nehmen.

Nicht immer ist jedoch das Produkt, das der Kunde braucht, auch das, was er wirklich kaufen will. Ganze Industriezweige wären in unserem Wirtschaftsleben nicht vorhanden, wenn Menschen nur kaufen würden, was sie benötigen (Modeindustrie etc.).

Befassen wir uns hier also mit den möglichen Kaufmotiven Ihres Kunden:

4.2.2 Die Kaufmotive

Motive haben viel mit Wünschen und Zielen zu tun, fragen Sie sich daher:

- Welche Ziele verfolgt mein Kunde?
- Welche (geheimen) Wünsche könnte er sich mit dem Kauf erfüllen?

Bestimmte Kundengruppen und bestimmte Branchen haben meist auch ähnliche Kaufmotive. Bei einer technischen Dienstleistung, wie einem neuen Software-Programm, werden andere Motive wichtig sein als beim Verkauf von Mode durch ein Versandhaus.

Welche Kaufmotive gibt es?

Wir haben eine **Liste möglicher Kaufmotive** zusammengestellt. Identifizieren Sie jene Kaufmotive, die für Ihre Kunden zutreffen können, und ergänzen Sie die Liste:

☑ Checkliste: Kaufmotive

1. Praktischer Nutzen

- Einfache Handhabung ❍
- Kombinierbarkeit ❍
- Flexibilität ❍
- Produktqualität ❍
- Platzbedarf ❍
- Service ❍
- ____________________
- ____________________
- ____________________
- ____________________

2. Materielle Motive

- Gewinn ❍
- Einsparungen ❍
- Rationalisierung ❍
- Zeitgewinn ❍
- ____________________

- ___
- ___
- ___

3. Schönheitsmotive

- Farbe und Form ❍
- Modisch ❍
- Raumästhetik ❍
- Wirkung auf Männer/Frauen ❍
- ___
- ___
- ___
- ___

4. Soziale Motive und Selbstverwirklichung

- Prestige ❍
- Luxus ❍
- Zusammenarbeit ❍
- Menschlichkeit ❍
- Siegen, besser sein ❍
- Altruismus ❍
- Unabhängigkeit ❍
- Wissenstrieb ❍
- ___
- ___
- ___
- ___

5. Sicherheits-/Selbsterhaltungsmotive

- Persönliche Sicherheit ❍
- Eigentumsschutz ❍
- Vorsorge ❍
- Unfallschutz ❍

- Gesundheitsbewusstsein ❍
- Kontrollbedürfnis ❍
- Umweltschutz ❍
- ______________________________
- ______________________________
- ______________________________
- ______________________________

6. Kulturelle Motive

- Bildung ❍
- Künstlerisches Empfinden ❍
- Reisefreude ❍
- Unterhaltungsbedürfnis ❍
- ______________________________
- ______________________________
- ______________________________
- ______________________________

Versuchen Sie nun, ein paar Motive zu konkretisieren, wie zum Beispiel: *„Meine Kunden suchen das Außergewöhnliche.“*, *„Meine Kunden schätzen solide, alte Werte.“:*

„Meine Kunden ______________________________

____

____

____

____

____

____

____

____

____

____

____

☞ **Tipp:**

Wenn Sie das Kaufmotiv Ihres Kunden erkannt haben, können Sie Ihr Produkt viel besser und kundengerechter verpacken. Denn es ist nicht nur wichtig, was Sie Ihrem Kunden verkaufen, sondern auch, wie Sie es verpacken, sprich: verkaufen!

4.3 Das passende Angebot

Ihr Verkaufsgespräch ist nun im Fluss und Sie laufen zu Ihrer Höchstform auf. Sie wissen, was Sie verkaufen wollen. Endlich dürfen Sie die Vorzüge Ihres Produktes anpreisen!

Was jetzt wichtig ist:

- Die Produktpräsentation optimal gestalten.
- Den Nutzen des Kunden „greifbar" machen.

Am Telefon können Sie Ihr Produkt jedoch nicht optisch präsentieren – Sie müssen es für den Kunden „visualisieren".

☞ **Tipp:**

Die Vorzüge Ihres Angebotes müssen vor dem geistigen Auge des Kunden erscheinen, Sie müssen das Produkt „angreifbar" machen!

Das bloße Aufzählen aller Produkteigenschaften allein überzeugt den Kunden nicht. Er will wissen, was er konkret davon hat.

„Übersetzen" Sie die Produkteigenschaften:

✋ **Beispiel:**

Statt: *„Unser neues Gerät ist nur mehr cirka 20 Zentimeter mal 30 Zentimeter groß, also echt sehr klein."*

Besser: *„Unser neues Gerät hat nur mehr die Größe eines A4-Blattes!"*

So verwandeln Sie Fakten in Vorteile: Erstellen Sie im Vorfeld eine Liste, in der Sie alle Vorzüge Ihres Produktes oder Ihrer Dienstleistung in einen konkreten Kundennutzen umformulieren:

☝ **Beispiel:**

„Wir bieten: ...“	*„Das hat für Sie den Vorteil: ...“*
1. Genaue Überprüfung Ihrer Maschinen	*„Sie erhalten Kenntnis über den derzeitigen Zustand Ihrer Maschinen.“*
2. Monatliche Überprüfung	*„Sie müssen sich keine Gedanken mehr über die laufende Wartung Ihrer Maschinen machen.“*
3. Gut ausgebildetes Fachpersonal	*„Sie sparen bei der technischen Produktschulung Ihrer Mitarbeiter und haben zusätzliche Arbeitskapazitäten frei, da wir die Wartung für Sie übernehmen.“*
4. Ständigen Kontakt mit unserer Firma	*„Das gibt Ihnen die Sicherheit, immer einen kompetenten Ansprechpartner zu haben.“*
5. Laufend neue Angebote	*„Sie sind immer auf dem neuesten Informationsstand und können so optimal entscheiden, wann Sie eine Maschine ersetzen wollen.“.*
6. Eintragung in die Stammkundendatei	*„Sie werden bevorzugt behandelt, haben kürzere Lieferfristen etc.“*

☞ **Tipp:**

Aktualisieren Sie diese Aufstellung von Zeit zu Zeit und verwenden Sie sie als aktive Verkaufshilfe.

Bieten Sie Ihrem Kunden wenn möglich auch eine Alternative an: Jeder möchte das Gefühl haben, aus mehreren Produkten zu wählen. Gehen Sie daher im Sinne Ihres Verkaufserfolgs auf dieses Bedürfnis ein.

Grundsätzlich gilt im Verkauf die „Dreier-Regel“, wonach Sie nicht mehr als drei Produkte anbieten sollten. Am Telefon ist es sogar besser, maximal zwei Alternativen anzubieten. Schließlich ist hier die reine Vorstellungskraft gefragt, der Kunde sieht ja die Produkte, Prospekte und andere visuelle Anschauungsmaterialen nicht vor sich. Bei wenigen Alternativen behält er die Übersicht.

Gerade beim Telefonverkauf steht aber meist ein Produkt im Vordergrund. Vermeiden Sie trotzdem den Eindruck *„Friss oder stirb!“* Überlegen Sie sich schon bei der Vorbereitung, welche Alternative Sie eventuell anbieten könnten. Machen Sie Ihrem Kunden deutlich, dass Sie ihn nicht mit Angeboten überhäufen wollen, sondern heute gerade ein für ihn passendes Angebot ausgewählt haben!

☞ **Tipp:**

Am Telefon sind überzeugende, am Kundennutzen orientierte Argumente besonders wichtig. Nur so entsteht beim Kunden der Kaufwunsch!

4.4 Einwände positiv nutzen

Eine der schwierigsten Aufgaben im Telefonverkauf ist das Behandeln von Einwänden. Sie haben Ihr Produkt mit Überzeugung präsentiert und sind sicher, dass es genau dem Kundenbedarf entspricht. Doch statt Ihre Begeisterung zu teilen, beginnt der Kunde das berühmte Haar in der Suppe zu suchen. Wer jetzt verärgert oder mit Unverständnis reagiert, der hat wenig Chancen auf einen erfolgreichen Abschluss. Gerade jetzt ist es besonders wichtig, genau auf den Kunden zu hören, auf ihn einzugehen. Denn nicht immer ist das, was er Ihnen als Einwand nennt, auch wirklich das, was er letztendlich meint. Es gibt viele Gründe, warum ein Kunde einen Einwand vorbringt:

- Der Kunde ist unsicher, er benötigt noch weitere Informationen, um sich letztendlich entscheiden zu können.
- Der Kunde fühlt sich überfahren, das Verkaufsgespräch verlief bisher zu schnell und für den Kunden zu unübersichtlich.
- Der Kunde hat wirkliches Interesse und will daher weitere Informationen.
- Der Einwand dient als Vorwand, er will z. B. nicht zugeben, dass ihm der Preis einfach zu hoch ist.
- Der Kunde ist total ablehnend, er will (im Moment) nicht kaufen, traut sich aber nicht, das gerade heraus zu sagen.
- Er will dem Verkäufer dessen Unfähigkeit und mangelnde Fachkenntnis vorführen.
- Er will seine Wichtigkeit beweisen; er ist überzeugt, es besser zu wissen.
- Er benötigt selbst Argumente für seinen Chef, Mitarbeiter oder andere Entscheidungsträger.
- Er will bessere Konditionen erreichen und eine bessere Verhandlungsposition einnehmen.

Je besser Sie sich in den Kunden hineinversetzen, desto eher finden Sie die wahren Hintergründe heraus und desto professioneller können Sie reagieren.

☞ **Tipp:**

Einwände sind wichtig, stehen Sie Einwänden daher positiv gegenüber!

Einwände geben dem Verkäufer die Chance, seine Professionalität unter Beweis zu stellen:

- Wie gut kann ich zuhören?
- Wie gut kann ich argumentieren?
- Wie gut kann ich auf den Kunden eingehen?
- Wie gut kann ich Negatives in Positives umwandeln?

Jeder Mensch will überzeugt werden: Wenn Sie die Einwände Ihres Kunden glaubhaft entkräften, wird er Ihrem Vorschlag wesentlich überzeugter und motivierter zustimmen. Vorschnelle Erfolge rächen sich oft. Der Entscheidungsprozess sollte daher nie gegen den Willen des Kunden vorangetrieben werden. Wer sich gedrängt und überredet fühlt, wird im Nachhinein oft ein unangenehmer Kunde.

Wollen Sie Einwände positiv nutzen, setzen Sie sich folgende Ziele:

- Sie klären noch offene Punkte.
- Sie überwinden Widerstände, die einem Verkaufsabschluss im Wege stehen.
- Sie beweisen „Kundennähe“ und „Beratungskompetenz“.
- Sie verwandeln Negatives in Positives.
- Sie nehmen den Einwand nicht persönlich.

☞ **Tipp:**

Sie absolvieren also in dieser Phase Ihre „Verkaufskür“. Sehen Sie daher Einwände immer als Chance, Ihr gesamtes Können unter Beweis zu stellen! Ihre Einstellung entscheidet!

4.4.1 Vom Einwand zur Zustimmung in drei Schritten

1. Schritt: Den Einwand akzeptieren

Auch wenn Sie genau zu wissen meinen, was Ihr Kunde jetzt gleich sagen wird: Fallen Sie ihm nie ins Wort, sondern lassen Sie ihn zunächst reden. Er muss unbedingt den Eindruck gewinnen, von Ihnen ernst genommen zu werden.

Achten Sie dabei auf Folgendes:

- Signalisieren Sie dem Kunden, dass Sie aufnahmebereit für seine Bedenken sind. Danken Sie ihm ruhig auch für seine Frage.
- Zeigen Sie Verständnis.
- Notieren Sie alle Einwände, Sie vermeiden so, auf einen wichtigen Punkt zu vergessen. Der Kunde merkt im Übrigen genau, dass Sie mitschreiben; Sie verstärken damit seinen Eindruck, dass Sie ihn ernst nehmen.

- Lassen Sie Ihren Kunden ausreden.
- Hören Sie aktiv zu.
- Bleiben Sie ruhig und sachlich. Dadurch können Sie auch Emotionen, die beim Kunden entstehen, abschwächen. Es geht in dieser Phase nicht ums Siegen und Verkaufen um jeden Preis, sondern um die sachliche Klärung eines Problems.

Machen Sie sich eine Liste mit Formulierungen, die dem Kunden beweisen, dass sie ihn ernst nehmen.

Beispiele für Formulierungen:

„Ich verstehe, dass Sie sich bei einer so wichtigen Entscheidung vorher genau informieren wollen."

„Sie sprechen da einen wichtigen Punkt an ..."

„Was Sie sagen, kann ich gut verstehen ..."

„Ich bin Ihnen dankbar, dass Sie diesen Punkt ansprechen."

„Darüber möchte ich auch noch mit Ihnen sprechen ..."

„Ich teile Ihre Bedenken, kann Ihnen aber versichern, ..."

„Denken Sie dabei an ...?"

„Sie stellen da eine interessante Frage, die ich gerne beantworte ..."

„Genau diesen Punkt haben wir in unsere Überlegungen miteinbezogen ..."

„Viele unserer Kunden haben ähnliche Bedenken, ich kann Ihnen aber versichern ..."

„Wir haben uns mit diesen Fragen unserer Kunden genau auseinandergesetzt."

„Habe ich Sie richtig verstanden, Sie meinen, ..."

Diese Liste ließe sich noch endlos lange fortsetzen. Suchen Sie sich Formulierungen, die Ihrem Sprachgebrauch entsprechen, und wenden Sie sie gleich morgen an!

☞ **Tipp:**

Gute Verkäufer nehmen Einwände geschickt vorweg: Sie wissen, was der Kunde dagegenhalten könnte und formulieren selbst den Einwand. Natürlich liefern sie die passende und entkräftende Antwort gleich nach. Der Kunde gewinnt den Eindruck, dass der Verkäufer wirklich sehr sachlich und objektiv berät. Zum Beispiel:

„Manche unserer Kunden fragen meist nach ... Wir haben in unserer Planung diesen Punkt besonders berücksichtigt."

2. Schritt: Klären, worum es geht

Unterscheiden Sie zunächst für sich: Handelt es sich bei dem Kundeneinwand um einen echten Einwand oder dient der Einwand nur als Vorwand? Die nachfolgende Gegenüberstellung soll Ihnen dabei helfen:

Einwand	Vorwand
▸▸ Ist ein Gegenargument.	▸▸ Ist eine Ausrede.
▸▸ Ein Problem wird besprochen.	▸▸ Das wahre Problem wird versteckt.
▸▸ Der Kunde ist grundsätzlich interessiert.	▸▸ Der Kunde ist nur zu unsicher, um „Nein" zu sagen, ist aber nicht interessiert.
▸▸ Gute Argumente überzeugen.	▸▸ Ist mit den besten Argumenten nicht zu entkräften.
▸▸ Der Kunde meint, was er sagt.	▸▸ Der Kunde meint nicht, was er sagt.
▸▸ Der Kunde steht einem Abschluss grundsätzlich positiv gegenüber.	▸▸ Der Kunde will nicht kaufen.
▸▸ Der Kunde will, dass Sie auf sein Argument eingehen, weiter mit ihm reden.	▸▸ Der Kunde will nicht, dass Sie auf sein Argument antworten.
▸▸ Er will das Gespräch weiterführen.	▸▸ Er will das Gespräch beenden.
▸▸ Kann entkräftet werden.	▸▸ Kann nicht entkräftet werden.
▸▸ Vorbereitete Einwandsformulierungen helfen.	▸▸ Vorbereitete Einwandsformulierungen machen den Kunden nur noch ärgerlicher.
▸▸ Einwände werden meist nur jeweils in einem Satz genannt.	▸▸ Werden mehrere Einwände in einen Satz gepackt, die nicht wirklich etwas miteinander zu tun haben, handelt es sich meist um einen Vorwand.

☞ **Tipps zur Klärung von Einwänden:**

- ▸▸ Legen Sie ruhig eine kleine Denkpause ein, bevor Sie antworten. Gut geeignet dafür sind Fragen an den Kunden: Während er seinen Sachverhalt noch einmal darstellt, können Sie sich bereits eine Entgegnung überlegen.

- Auch hier gilt: Je besser Sie sich in den Kunden hineinversetzen können, desto eher werden Sie die richtige Entkräftung finden.
- Klären Sie die Hintergründe: Was steckt wirklich hinter dem Einwand?
- Wenn Sie nur den vorgeschobenen Einwand behandeln, werden Sie nicht sehr erfolgreich sein – finden Sie daher zuerst den wahren Grund für das Zögern des Kunden heraus. Bestes Hilfsmittel: professionelle Fragen.
- Auch wenn es Ihnen noch so sehr auf der Zunge brennt: Vermeiden Sie direkten Widerspruch! Sie würden nur auf Ablehnung Ihrer Argumente stoßen.
- Ihr Ziel ist es, die Einwände sachlich zu klären, Beispiele und Beweise zur Entkräftung zu bringen und den Nutzen des Kunden noch deutlicher zu machen.
- Überlegen Sie sich eine Argumentationskette – „erdrücken" Sie aber Ihren Kunden nicht mit Argumenten – es sollten stets maximal drei Argumente auf einmal vorgebracht werden.
- Manchmal ist es notwendig, nochmals einen Schritt zurückzugehen: Haben Sie den Bedarf des Kunden richtig erkannt? Ist Ihr Angebot wirklich das richtige für ihn?

Beispiele für Formulierungen:

„Ist das der einzige Punkt, der für Sie offen ist?"

„Dieses Argument von Ihnen (Kunde) zeigt mir, dass wir noch nicht alle wichtigen Punkte besprochen haben. Was haben wir nicht berücksichtigt? Was ist Ihnen bei diesem/r Produkt/Dienstleistung am wichtigsten?"

„Wenn wir diese Punkte alle erfüllen können, sind wir dann Ihr Partner/Lieferant?"

3. Schritt: Zustimmung erzeugen

Egal, wie heftig die Einwände auch sein mögen – jetzt gilt es, ein positives Gesprächsklima zu bewahren. Merken Sie sich daher im Gesprächsverlauf immer jenen Punkt, an dem Sie mit Ihrem Kunden noch einer Meinung waren. Kommen Sie notfalls wieder auf diesen Punkt zu sprechen, wenn Sie das Gefühl haben, das Gespräch würde Ihnen entgleiten. Stellen Sie dazu immer eine Zustimmungsfrage:

„Sind wir einer Meinung, dass ..."

4.4.2 14 Einwand-Techniken

1. Den Einwand isolieren

Wenn Sie nun den wirklichen Einwand identifiziert haben, konzentrieren Sie sich auf diesen. Durch eine Frage wie: *„Ist es nur dieser Punkt, der einem Vertragsabschluss im Wege steht?"* zwingen Sie auch Ihren Kunden, sich festzulegen. Sie führen so das Gespräch und strukturieren es.

2. Falsche, nur vorgeschobene Einwände mit dem „Abschlusshebel" beseitigen

Wenn Sie sicher sind, dass Ihr Kunde auf einem Vorwand beharrt, nehmen Sie ihn beim Wort: *„Wenn ich Ihnen nun zusichere, dass wir diesen Vertragspunkt ändern, unterschreiben Sie?"* Ihr Kunde muss nun Farbe bekennen oder er verliert sein Gesicht.

3. Die Rückfrage

Bitten Sie den Kunden, seinen Einwand zu wiederholen, zu präzisieren, einen Teil genauer zu erklären. Beim Wiederholen formulieren viele Kunden ihre Einwände viel schwächer, sie können so die „Schärfe" des Einwandes mildern.

4. Wiederholung in Frageform

Formulieren Sie den Kundeneinwand noch einmal in Frageform. Sie können so positiv formulieren und den Einwand bewusst in Ihre Richtung lenken.

5. In einen Wunsch verwandeln

Ziehen Sie aus dem Einwand einen positiven Schluss, indem Sie den Kunden dazu bringen, seine Bedenken in Wunschform noch einmal zu äußern.

„Gut, Sie wünschen sich das Gerät in einer anderen Farbe. Welche Farbe würde Ihnen gefallen?"

„Angenommen, wir können Ihren Wunsch nach einer früheren Lieferung erfüllen - würden Sie dann kaufen?"

6. Warum doch

Schaffen Sie gedanklich Rahmenbedingungen, unter denen der Kunde kaufen würde, obwohl derzeit etwas dagegen spricht. So erfahren Sie erstens, ob es tatsächlich nur an diesem einen Punkt scheitert, und zweitens erkennen Sie so vielleicht einen Weg, wie Sie zu einem Kompromiss kommen könnten.

„Was könnte für Sie dafür sprechen, das Gerät trotzdem bei uns zu kaufen?"

7. Refraiming

Bei dieser Methode stellen Sie den Einwand in einen neuen Kontext, zwingen den Kunden, seinen Blickwinkel zu ändern, indem er den Nachteil, den er jetzt zu erkennen glaubt, plötzlich als Vorteil sieht.

„Ja, Sie sehen das richtig, die Lieferfristen sind länger als bei X. Das liegt jedoch an der derzeit sehr großen Nachfrage unserer Kunden, die dieses Produkt noch vor Jahresende in Ihrem Unternehmen haben wollen.

8. Die Plus-/Minus-Methode

Stellen Sie sich eine Waage vor: In der einen Waagschale befindet sich das zugegebenermaßen „gewichtige" Argument Ihres Kunden. Legen Sie nun einige positive Gegenargumente in die andere Waagschale. Haben Sie die richtigen, dem Nutzen des Kunden entsprechenden Argumente gewählt, wird die zweite Waagschale zu Ihren Gunsten sinken!

9. Das Fernglas

Sein vorgebrachtes Problem erscheint dem Kunden in diesem Moment sehr gewichtig, weil es gerade im Mittelpunkt seiner Überlegungen und Betrachtungen steht. Drehen Sie das „Fernglas des Kunden" um, indem Sie die Rahmenbedingungen und andere Vorteile wieder in den Vordergrund rücken. Aus einiger Distanz betrachtet, erscheint der Einwand gleich viel weniger wichtig.

10. „Entwaffnen"

Geben Sie zu, dass der Kunde einen springenden Punkt angesprochen hat. Durch dieses Signal der Wertschätzung, diese „Streicheleinheit" wird er entwaffnet und aufnahmefähiger für Ihr Gegenargument.

11. In die Offensive gehen

Beweisen Sie dem Kunden, dass er, gerade weil er diese Bedenken hat, bei Ihnen an der richtigen Stelle ist. Sie nützen so den Einwand gekonnt für Ihre Argumentation.

12. Dem Einwand zuvorkommen

Wenn Sie Widerstand beim Kunden spüren, kommen Sie ihm zuvor, indem Sie den vermuteten Einwand selbst aussprechen und dem Kunden so den Wind aus den Segeln nehmen. Allerdings sollten Sie dabei auch den richtigen Einwand treffen, sonst wecken Sie möglicherweise „schlafende Hunde".

„Sie denken möglicherweise, dass der Zahlungsmodus kompliziert klingt. Uns ist jedoch die Sicherheit unserer Kunden ein wichtiges Anliegen und deswegen haben wir diesen zusätzlichen Sicherheitscheck ins Programm genommen."

13. Ein Beispiel aus der Praxis

Schildern Sie dem Gesprächspartner einen ähnlichen Fall, in dem ein Kunde trotz anfänglich gleicher Bedenken sehr zufrieden mit Ihrem Produkt war und mittlerweile zum Stammkunden geworden ist. Überlegen Sie solche „Referenzfälle" für Ihren Bereich. Sie müssen allerdings glaubhaft sein und auf Tatsachen beruhen.

14. Die Alternative, der Kompromiss

Wenn Sie merken, dass es Ihrem Kunden in erster Linie um einen Verhandlungserfolg geht, räumen Sie ihm bewusst einen Spielraum ein. Bieten Sie ihm eine Alternative, mit der Sie auch „gut leben" können. Bleiben Sie dabei jedoch seriös und vermeiden Sie das Gesprächsklima eines orientalischen Basars!

Während der Kundenbefragung oder spätestens bei der Einwandbehandlung werden Sie feststellen, dass Sie nicht jeden Wunsch jedes Kunden erfüllen können. Je eher Sie dies merken, desto besser. Es erspart Ihnen und Ihrem Kunden Frust bzw. Sie sparen so Zeit, die Sie nutzen können, um andere Aufträge oder Kunden zu gewinnen.

Nicht alle hier dargestellten Methoden sind immer einsetzbar. Mit einiger Erfahrung lernen Sie jedoch, wann welche Methode passt, um den Kunden zu überzeugen.

☞ **Tipp:**

Erstellen Sie für sich einen Einwandkatalog mit den am häufigsten vorgebrachten Einwänden, indem Sie unterschiedliche Argumente sammeln und schriftlich festhalten. Nutzen Sie dabei das Know-how der gesamten Firma und bitten Sie gerade ältere und erfahrene Kollegen um ihre Mitarbeit.

Beispiel – Einwandkatalog der Firma X:

Einwand	Entgegnung
Ich habe keine Zeit.	*„Wir kennen den Zeitdruck vieler Kunden – oft fehlt die Zeit, sich gerade mit Neuerungen zu beschäftigen, die letztendlich helfen, Zeit zu sparen.* *„Ja, das kann ich mir gut vorstellen. Was schlagen Sie vor?“*
Das ist zu teuer.	*„Gut, dass Sie diesen Punkt ansprechen. Wie viel sind Sie bereit, für diese Dienstleistung auszugeben?“* *„Was haben Sie bisher für diese Dienstleistung ausgegeben?“* *„Womit vergleichen Sie unsere Dienstleistung?“*
Schicken Sie mir erst einmal Unterlagen.	*„Gerne, welche Produkte interessieren Sie denn besonders?“* *„Das mache ich gerne, und ich schlage vor, dass wir uns dann im Anschluss noch einmal unterhalten, welche Lösung aus unserem Standardprogramm für Sie speziell angepasst werden kann.“*
Ich möchte darüber noch einmal nachdenken.	*„Das ist in Ordnung, wann werden Sie Ihre Entscheidung treffen?“* *„Welcher Punkt ist für Sie dabei besonders wichtig?“* *„Geht es dabei um die Finanzierung oder ist die Lieferfrist zu lange für Sie?*

Wir wollen Ihnen hier lediglich einen Denkanstoß liefern und erheben keinen Anspruch auf Vollständigkeit. Bedenken Sie jedoch immer: **Bleiben Sie mit Ihren Argumenten glaubwürdig und unaufdringlich!**

4.5 Von der Zustimmung zum Verkaufsabschluss

Die letzte ist die „heißeste" Phase des Verkaufsgesprächs. Die nervliche Belastung des Verkäufers ist am größten. War die Vorarbeit gut genug?

Die Entscheidung fällt: Haben Sie den Kunden überzeugt? Abschluss oder „leider nein"? Erfolg oder Misserfolg?

In dieser Phase ist das oberste Ziel, im richtigen Moment den Kaufabschluss herbeiführen zu können. Vergewissern Sie sich jetzt noch einmal:

- Sind Sie sicher, dass Ihr Kunde keine Einwände mehr hat?
- Haben Sie ihn überzeugt?

Doch Vorsicht! Am Telefon sehen Sie seine gerunzelte Stirn und seinen unentschlossenen Blick nicht. Achten Sie daher besonders auf sein Feedback und lesen Sie „zwischen den Zeilen". Achten Sie jetzt auf jedes Detail in seiner Stimme und in seinen Formulierungen. Verwendet er zum Beispiel wieder die Möglichkeitsform *(„Da müsste die Zahlung vor dem 15. erfolgen ...")* oder macht er plötzlich häufige Pausen und räuspert er sich oft, ist durchaus Vorsicht angebracht. Interpretieren Sie jedoch nicht in jedes Zögern oder jede „unsichere" Formulierung gleich Ablehnung hinein. Ihr Fingerspitzengefühl ist jetzt gefragt.

Andererseits: Auch wenn Sie sich Ihrer Sache noch so sicher sind und von Ihren eigenen Argumenten restlos begeistert sind – „überfahren" Sie Ihren Kunden nicht mit einer vorschnellen Kaufaufforderung.

☞ **Tipp:**

Der Kunde bestimmt, ob die Einwandphase abgeschlossen ist!

Ihr Kunde sollte in dieser Phase nie Ihre innere Anspannung bemerken. Stellen Sie sich vor, Sie wären bei Ihrem Kunden vor Ort. Auch ein Telefonat ist im übertragenen Sinn ein „Hausbesuch". Lächeln Sie Ihren Kunden zustimmend an und drängen Sie ihn nicht zu sehr. Erfahrungsgemäß liegt hier eine große Gefahr im Telefonverkauf: Der Verkäufer lässt dem Gesprächspartner kaum Zeit zum Atmen und drängt auf den Abschluss. Das stößt nicht selten im letzten Moment doch noch auf Widerstand.

Beispiel:

Herr Leicht, der neue Telefonverkäufer im Team der Firma „Forsch-Büromaschinen AG" telefoniert nun schon seit 30 Minuten mit einem Kunden. Er ist hoch motiviert, gut vorbereitet und weiß auf jeden Einwand eine professionelle Antwort. Diesen Kunden will er unbedingt überzeugen!

Kunde: „Na, das klingt ja interessant ..."

Herr Leicht: „Eben, und dabei haben Sie noch gar nicht von unserem neuen Zusatzservice gehört, unserem monatlichen Routine-Stammkunden-Check, inkludiert in unserem Premium-Service-Package!“

Kunde: „Ah, wovon?“

Herr Leicht: „Na, unser Premium-Service-Package! Habe ich das vorher nicht erwähnt?“

Kunde: „Nein, ich will ja nur den neuen Drucker ...“

Herr Leicht: „Ja, aber mit diesem Zusatzpackage haben Sie ungeahnte Möglichkeiten, viele unserer Kunden sind davon restlos begeistert!“

Kunde: „Das kostet sicherlich extra, oder?“

Herr Leicht: „Im Verhältnis zum Gesamtpreis ist das eine Lappalie.“

Kunde: „Höre ich da heraus, dass Sie diesen Drucker für überteuert halten?“

Herr Leicht: „Aber nein, ganz im Gegenteil, wir sind am Markt die absoluten Preisbrecher mit diesem Produkt.“

Kunde: „Also wenn das Gerät so billig ist, dass ein Zusatzservice notwendig ist, dann überlege ich mir das vielleicht doch noch einmal.“

Herr Leicht: „Aber ...“

Kunde: „Sie sind ja ein sehr netter und engagierter junger Mann, Herr Seicht, ich melde mich dann wieder, sollte ich es mir doch noch anders überlegen. Danke, auf Wiedersehen!“

Herr Leicht starrt frustriert den Hörer an – was ist da nur schiefgelaufen?

Zerreden Sie Ihren Erfolg nicht. Hat der Kunde einmal ein klares „Abschlusssignal“ (*„Na, das klingt ja interessant ...“*) gegeben, dann müssen Sie ihn nicht mehr weiter überzeugen. In unserem Beispiel hat der Verkäufer auch das zweite klare Kaufsignal seines Kunden (*„Nein, ich will ja nur den neuen Drucker ...“*) ungenutzt verstreichen lassen. Da hätte er spätestens einhaken müssen: *„Ja, Herr X, die Entscheidung für diesen Drucker ist gut – Sie erhalten von mir per E-Mail eine Auftragsbestätigung. Ist das so für Sie in Ordnung?“*

Erfolg trotz Nichtabschluss?

Telefonverkauf ist meist kein einmaliges „Erfolgsstück“. Er ist vielmehr ein Prozess, bei dem mehrere Anrufe nötig sind, bevor es zu einem Vertragsabschluss kommt. Im Durchschnitt erfordert so ein Abschluss zwischen drei und sieben Anrufen! Geduld und Hartnäckigkeit sind also gefragt. Wer beim ersten „Nein“ gleich aufgibt, der bringt sich um die Früchte seiner Arbeit.

☞ Tipp:

Akzeptieren Sie ein „Nein“ und sehen Sie eine kurzfristige Niederlage als Chance für die Zukunft und als Möglichkeit zur Verbesserung!

Nur wer seine Fehler analysiert, wird aus ihnen lernen! Bevor Sie also ein negativ verlaufendes Gespräch abhaken, durchleuchten Sie es anhand folgender Checkliste:

☑ Checkliste: Fehleranalyse

	ja	nein
▸ War der Zeitpunkt meines Anrufes richtig gewählt?	❍	❍
▸ War ich genügend vorbereitet?	❍	❍
▸ Hatte ich alle wichtigen Informationen parat?	❍	❍
▸ Habe ich gelächelt?	❍	❍
▸ Habe ich meinen Gesprächspartner richtig angesprochen? (Name, Titel)	❍	❍
▸ Habe ich mich genügend vorgestellt?	❍	❍
▸ War das Gesprächsklima immer angenehm?	❍	❍
▸ Habe ich gut genug zugehört?	❍	❍
▸ Habe ich die Situation des Kunden richtig eingeschätzt?	❍	❍
▸ Bin ich bei meiner Argumentation auf den Kunden ausreichend eingegangen?	❍	❍
▸ Habe ich den Kundennutzen ausreichend herausgestrichen?	❍	❍
▸ Habe ich genügend Fragen gestellt?	❍	❍
▸ Habe ich manchmal zu schnell gesprochen?	❍	❍
▸ Hatte ich das Gespräch immer im Griff?	❍	❍
▸ Hatte ich während des Gespräches ein unangenehmes Stressgefühl?	❍	❍
▸ Wusste ich auf alle Frage des Kunden eine Antwort?	❍	❍
▸ Hatte ich Hemmungen, einen Abschluss herbeizuführen?	❍	❍
▸ War mein Angebot für den Kunden passend?	❍	❍
▸ Habe ich meinen Kunden möglicherweise überrollt?	❍	❍
▸ Ist bis zur Abschlussphase alles gut gelaufen und hat der Kunde trotzdem abgelehnt?	❍	❍
▸ War ich erleichtert, nachdem das Gespräch beendet war?	❍	❍

▸ Was ist mir sonst noch aufgefallen?

____

____

Schon ein einziger Punkt dieser Checkliste kann ausreichen, einen Kunden zu vertreiben. Doch zu erkennen, was man falsch gemacht hat, ist der wichtigste Schritt zur Optimierung seines Telefonverhaltens.

☞ **Tipp**:

Nehmen Sie Ihr Verkaufsgespräch einmal auf Tonband auf. Die Analyse fällt so leichter. Vielleicht bitten Sie auch einen Freund/Kollegen/Coach, Ihnen bei der „Ursachenforschung" zu helfen!

Und denken Sie immer daran:

- Verlieren Sie nie Ihren Optimismus, auch wenn es einmal nicht so läuft. Kein Meister fällt vom Himmel, und auch der größte Verkaufsprofi hat keine hundertprozentige Abschlussquote.
- Nehmen Sie vor allem Misserfolge nicht zu persönlich.
- Analysieren Sie Ihre Fehler und machen Sie es das nächste Mal besser.
- Nur wer ein „Nein" akzeptieren kann, ist bereit für ein „Ja".

4.6 Die acht goldenen Abschlussregeln

1. Die richtige Einstellung zum Erfolg

Nur wenn Sie selbst an einen Abschluss glauben, haben Sie Aussicht auf Erfolg. Der Kunde bemerkt Ihr Zögern und Ihre Zweifel, die Unsicherheit überträgt sich auf ihn. Er wird sich die Sache lieber noch einmal überlegen.

2. Das passende Abschlussargument

Kreieren Sie Ihr eigenes Erfolgs-Drehbuch: Die Spannung steigt darin bis zum letzten Argument! Heben Sie sich daher Ihr bestes Argument für den Schluss auf oder wiederholen Sie, was den Kunden am meisten beeindruckt hat. Vergessen Sie aber gerade bei diesem Abschlussargument nicht auf den Kundennutzen:

„... und deswegen ist dieses Produkt die beste Lösung für Ihr Problem!"

3. Auf den Punkt bringen

Formulieren Sie Ihren Appell zum Abschluss klar, unmissverständlich und eindeutig:

„Sind Sie damit einverstanden, dass wir am 20. März mit unserem Servicepaket starten?"

Wenn Sie das Gefühl haben, dass Ihr Kunde grundsätzlich nicht allzu entscheidungsfreudig ist, können Sie auch eine Alternativfrage formulieren:

„Ist Ihnen der 20. März oder der 5. April lieber?“

Ihr Kunde muss so Farbe bekennen.

4. Abschlusssignale beachten

Beim Telefonverkauf ist es wesentlich schwieriger, Kaufsignale des Kunden zu identifizieren. Sie sehen sein zustimmendes Nicken nicht, der Kunde kann das Produkt nicht angreifen, seine Körpersprache bleibt Ihnen großteils verborgen.

Schließen Sie daher aus seinen Äußerungen:

- Fragt er nur mehr nach Details?
- Beeindruckt ihn ein Detail besonders?
- Hat er auf die letzten Fragen nur mehr zustimmend geantwortet?

Ein kurzes Zögern nach Ihrem letzten Argument kann auch als Kaufsignal gedeutet werden. Wenn Sie genau hinhören, merken Sie auch am Telefon, wie Ihr Kunde zustimmend nickt, vielleicht murmelt er auch „mhm“ oder „aha“.

5. Den Abschluss nicht erzwingen wollen

Ihr Verkaufsgespräch ist kein Duell, bei dem es nur einen Überlebenden gibt. Üben Sie keinen unangenehmen Druck auf den Kunden aus, nur um rasch zum Erfolg zu kommen. Gerade erfolgsverwöhnte Verkäufer neigen dazu, den Kunden zu überfahren und seine Schwächen auszunützen. Am Telefon nützt eine „erpresste“ Zustimmung wenig. Der Kunde wird sich im Nachhinein über das Gespräch ärgern und seinen Auftrag nicht bestätigen oder zurückziehen. So wird aus einem Abschluss leicht ein „Abschuss“!

6. Ein „Nein“ akzeptieren

Denken Sie immer daran: Ein „Nein“ muss nicht endgültig sein! Gerade an der Art, wie Sie ein Kunden-Nein akzeptieren, merkt der Kunde, ob es Ihnen um ihn oder nur um Ihren Erfolg geht. Vertrauen entsteht nur, wenn Sie in so einer Situation professionell, verständnisvoll und nicht persönlich beleidigt reagieren.

7. Aufhören, wenn es am schönsten ist!

Manche Verkäufer zögern den Moment der Wahrheit hinaus, aus Angst, eine Absage zu kassieren. Aber gerade durch dieses Zögern erhöhen Sie die Wahrscheinlichkeit eines Misserfolges.

8. Zerreden Sie Ihren Erfolg nicht!

Wenn Sie ein Kaufsignal Ihres Kunden missachten, wird er auch zögern. Die wenigsten Kunden am Telefon sagen: *„Kann ich jetzt bitte kaufen?“*

4.7 Gespräche mit Medienvertretern und Meinungsbildnern

Immer mehr Unternehmen haben erkannt, wie wichtig das Erscheinungsbild nach außen ist und wollen es nicht einfach dem Zufall überlassen. Das Telefon nimmt dabei eine wesentliche Stellung ein, es ist ja die schon viel zitierte „Visitenkarte", der erste Eindruck für viele Erstkontakte. Gezielte PR (Public Relation) ist daher auch am Telefon angesagt. Das öffentliche Bild eines Unternehmens wird dabei oft von den Medien geprägt. Der richtige Umgang mit den Vertretern dieser Medien am Telefon ist daher enorm wichtig. Obwohl PR eigentlich Chefsache ist, kommt genau in diesem Bereich jedem, der das Telefon abhebt, eine große Verantwortung zu:

- Er „transportiert" die Stimmung im Unternehmen nach außen.
- Er ist der erste Ansprechpartner für Journalisten und andere Medienvertreter.
- Er entscheidet, wohin der Anrufer weiterverbunden wird.
- Er legt oft schon durch sein professionelles Verhalten fest, wie die weitere Beziehung zu diesem Medium verlaufen wird.
- Er bestimmt so als „Visitenkarte" das Image des Unternehmens entscheidend mit.

Der Umgang mit Journalisten

Die ersten Ansprechpartner von Journalisten sind meist die Sekretärin oder enge Mitarbeiter des Entscheidungsträgers. Egal, wie der Kontakt zum Unternehmen grundsätzlich zustande gekommen ist, irgendwann landen Journalisten bei diesen Mitarbeitern und versuchen dann oft schon am Telefon, wichtige Informationen zu erlangen. Journalisten wissen ja, dass gerade diese Mitarbeiter zu den „bestinformierten" Personen im Unternehmen gehören.

Klären Sie daher grundsätzlich und rechtzeitig mit Ihrem Chef bzw. dem Management ab, inwieweit Sie telefonisch Auskunft geben dürfen. Auch wenn Sie jetzt vielleicht denken, dass so ein Fall bei Ihnen nie eintreten wird, kann das rascher passieren, als Ihnen lieb ist. Ein großer Unfall in einem Werk, ein plötzlich auftretender Verdacht gegen die Geschäftsleitung etc., und schon stehen Sie im Kreuzfeuer der Medien. Auch in einem kleinen, „unscheinbaren" Unternehmen kann das passieren. In solchen Situationen werden Sie dann meist – wenn unvorbereitet – von den Fragen der Journalisten überrollt!

Die richtige Behandlung von Journalisten will gelernt sein – schließlich haben Sie ja einen Profi in Fragetechnik und „Würmer aus der Nase ziehen" am Hörer! Was also sollen Sie beachten?

- Je besser es Ihnen gelingt, den Journalisten zum „**Partner**" zu machen, desto wohlwollender wird auch er mit Ihnen umgehen. Vermitteln Sie jedoch Ablehnung und Feindschaft, wird er alle seine „Waffen" auspacken. Signalisieren Sie also Verständnis für seine Arbeit und betonen Sie die Tatsache, dass es Ihnen auch um das Aufdecken der Wahrheit geht.

- Berücksichtigen Sie den **Zeitdruck**, unter dem Journalisten meist arbeiten. Sie haben keine Zeit, auf ausführliche Hintergrundinformationen zu warten. Informieren Sie daher über jene Tatbestände, über die schon gutes Informationsmaterial vorliegt.
- Bleiben Sie immer bei der **Wahrheit**. Lügen und Halbwahrheiten können in Journalistenhänden sehr gefährlich werden. Sagen Sie lieber weniger, aber diese Fakten müssen stimmen.
- Lassen Sie sich durch die professionelle Fragetechnik des Gesprächspartners nicht aus der **Ruhe** bringen. Überlegen Sie trotzdem jede Antwort genau und gewinnen Sie Zeit durch genaues Nachfragen: *„Habe ich Sie richtig verstanden, es geht Ihnen um ...?“*
- Klären Sie immer vorher ab, **wer** in Ihrem Untenehmen für PR **zuständig** ist, und wie Ihre Standardantworten zu aktuellen Themen lauten. Geben Sie den Namen und die Durchwahl des PR-Experten in Ihrem Haus weiter – das macht den Medienvertreter zum Verbündeten und zeigt Ihre Bereitschaft zur Zusammenarbeit.
- Bedanken Sie sich für das Interesse an Ihrem Unternehmen. Ein Gespräch, das **positiv beendet** wurde, bleibt auch dem anderen in guter Erinnerung und prägt das Unternehmensimage nachhaltig.

4.8 Zusammenfassung

Wird das Telefon zum Verkaufsinstrument, ist besondere Professionalität gefragt. Das Image der Telefonverkäufer ist nicht das beste, und sehr oft stößt man daher auf Ablehnung und Misstrauen. Es geht daher um das Aufbauen von Vertrauen und nicht um vorschnell „erpresste“ Verkaufserfolge.

- Wählen Sie Ihre Kunden für den Telefonverkauf sorgfältig aus und planen Sie Ihr Verkaufsgespräch umfassend.
- Hören Sie Ihrem Kunden genau zu und erkennen Sie so seinen Bedarf und seine möglichen Kaufmotive.
- Erstellen Sie darauf aufbauend ein für Ihren Kunden passendes Angebot. Betonen Sie dabei vor allem den Nutzen für ihn und beschreiben Sie Ihr Angebot bildhaft.
- Gehen Sie positiv auf die Einwände des Kunden ein: Nehmen Sie sie ernst und erkennen Sie die wahren Hintergründe – nur so können Sie Einwände auch entkräften. Achten Sie dabei genau auf Ihre Formulierungen und nützen Sie die in diesem Kapitel vorgestellten Techniken. So beweisen Sie Kundennähe und können negative Äußerungen des Kunden positiv nutzen.

- Erkennen Sie, wann Ihr Kunde zum Kaufen bereit ist. Hören Sie seine „Abschluss-Signale“ aus seinen Formulierungen heraus und reagieren Sie darauf mit Zustimmung und Verstärkung. Zerreden Sie die Entscheidung des Kunden nicht.
- Akzeptieren Sie aber auch ein „Nein“. Es birgt oft die Chance eines späteren Verkaufsabschlusses in sich.
- Analysieren Sie die Gründe, warum ein Kunde abgelehnt hat. Wo können Sie Ihr Verkaufsverhalten am Telefon noch verbessern?
- Bedenken Sie immer, dass Telefonverkauf ein längerer Prozess ist und das Vertrauen des Kunden oft erst mühsam erworben sein will. Geben Sie daher nicht vorschnell auf und bleiben Sie am Ball.

Unsere acht goldenen Abschlussregeln sollen Sie bei Ihrem Verkaufserfolg am Telefon unterstützen.

Ihr Telefonverhalten ist immer auch ein imagebildender Faktor. Gerade im Umgang mit Medienvertretern und Meinungsbildnern aller Art ist dies von besonderer Bedeutung. Lassen Sie sich daher nie „kalt erwischen“, sondern bauen Sie lieber vor. Klären Sie rechtzeitig, wie Sie in so einem Fall vorzugehen haben. Das vermittelt Ihnen die nötige Sicherheit im Ernstfall.

Betrachten Sie Medienvertreter nie als Feinde, sondern machen Sie sie zu Verbündeten. So beweisen Sie Professionalität im Umgang mit dem für Ihr Unternehmen so wichtigen Kommunikationsmittel Telefon!

5. DIE NACHBEARBEITUNG

5.1 Erfolge sichern – nachhaltige Kundenbindung

Haben Sie Ihr Ziel erreicht und einen Termin vereinbart, die wichtige Information erfragt oder einen Verkaufsabschluss in der Tasche, können Sie erleichtert durchatmen. Erledigt ist die Telefonarbeit aber noch lange nicht.

Erst wenn zum Beispiel beim Verkauf der Auftrag zur Zufriedenheit des Kunden abgewickelt wurde, haben Sie aus einem kurzfristigen Erfolg einen langfristigen Erfolg gemacht.

Gehen Sie unmittelbar nach jedem Telefonat Ihre Notizen durch:

- Haben Sie alle wesentlichen Vereinbarungen schriftlich erfasst?
- Wurden alle Punkte, die Sie vorbereitet haben, besprochen?
- Ist Ihnen zu bestimmten Details sonst noch etwas aufgefallen?
- Welche Aktionen sind notwendig?
- Wer ist dafür zuständig/verantwortlich?
- Bis wann muss was erledigt sein?
- Welche Informationen sind weiterzuleiten?
- Wer soll noch informiert werden?
- In welcher Form bestätigen Sie die Ergebnisse des Telefonats?
- Müssen Sie eine E-Mail schreiben?
- Kennen Sie die E-Mail-Adresse?
- Haben Sie die Rückruftermine in Ihren Terminkalender eingetragen?

Auch wenn ein Telefongespräch ohne konkretes Ergebnis oder ein Verkaufsgespräch ohne Abschluss geblieben ist, birgt es oft neue Chancen: Sie müssen Sie nur erkennen!

Überlegen Sie:

- Aus welchem Grund habe ich die gewünschte Information nicht erhalten?
- Wo könnte ein neuer Bedarf beim Kunden entstanden sein?
- Gibt es die Möglichkeit eines „Zusatzverkaufes“?
- Wo ist mein Anknüpfungspunkt für ein nächstes Gespräch?
- Wie gehe ich es beim nächsten Mal an?

Um diese Fragen treffsicher beantworten zu können, betrachten Sie das Gespräch noch einmal durch die Brille Ihres Gesprächspartners und analysieren Sie die Situation aus der Sicht des anderen.

✍ Selbstcheck: Wie ist das Gespräch mit Ihrem Kunden verlaufen?

	trifft zu	trifft teilweise zu	trifft nicht zu
⏩ Mein Kunde war verärgert über die Belästigung.	❍	❍	❍
⏩ Mein Kunde hatte das Gefühl, ich sei nicht auf ihn eingegangen.	❍	❍	❍
⏩ Er hat keinen Draht zu mir gefunden.	❍	❍	❍
⏩ Mein Unternehmen steht bei ihm nicht sehr hoch im Kurs.	❍	❍	❍
⏩ Mein Kunde stand unter extremem Zeitdruck.	❍	❍	❍
⏩ Er war froh, das Gespräch zu beenden.	❍	❍	❍
Beim Verkaufsgespräch:			
⏩ Mein Kunde ist grundsätzlich nicht bereit, gleich beim ersten Mal zuzustimmen.	❍	❍	❍
⏩ Er hat im Moment einfach keinen Bedarf.	❍	❍	❍
⏩ Er ist unsicher, ob er nicht vielleicht doch zugreifen sollte.	❍	❍	❍
⏩ Mein Kunde ist zwar nicht an diesem Produkt interessiert, war aber von dem Gespräch positiv beeindruckt.	❍	❍	❍
⏩ Er war erleichtert, dass er auflegen konnte, weil er meinen Verkaufsdruck als unangenehm empfunden hatte.	❍	❍	❍

☑ Checkliste: Gesprächsnachbearbeitung

1. Kontrollieren Sie die Richtigkeit und Vollständigkeit all Ihrer Telefonnotizen. ❍
2. Ergänzen Sie, was Ihnen noch in Erinnerung geblieben ist. ❍
3. Übertragen Sie wichtige Fakten in Akten bzw. Dateien. ❍
4. Verfassen Sie eine schriftliche Bestätigung der telefonischen Absprachen per E-Mail möglichst im Anschluss an das Telefonat. ❍
5. Was ist zu veranlassen?
   - ____________________ ❍
   - ____________________ ❍
   - ____________________ ❍
6. Von wem ist was zu erledigen?
   - ____________________ ❍
   - ____________________ ❍
   - ____________________ ❍
7. Bis wann/wo/wie?
   - ____________________ ❍
   - ____________________ ❍
   - ____________________ ❍
8. Notieren und übertragen Sie bei Bedarf Rückruftermine in Ihren Kalender/den Kalender Ihres Chefs oder der betroffenen Mitarbeiter. ❍
9. Versehen Sie die erforderlichen Tätigkeiten mit einer Priorität:

   Was ist dringend?
   - ____________________ ❍
   - ____________________ ❍
   - ____________________ ❍

   Was ist wichtig?
   - ____________________ ❍
   - ____________________ ❍
   - ____________________ ❍
10. Besprechen Sie die Telefonliste mit dem Chef/zuständigen Kollegen und stimmen Sie alle weiteren Aktivitäten ab. ❍

☞ **Tipps zur Gesprächsnachbearbeitung beim Telefonverkauf:**

- Stellen Sie sicher, dass die Liefertermine eingehalten werden.
- Fragen Sie nach einiger Zeit in heiklen Fällen beim Kunden nach, ob der Auftrag zu seiner Zufriedenheit läuft.
- Vermitteln Sie ihm den Eindruck, auch nach erfolgreichem Abschluss immer für ihn da zu sein.
- Tragen Sie geplante oder mit dem Kunden vereinbarte Follow-up-Termine in Ihren Terminkalender ein.
- Melden Sie sich, wenn Sie ein neues Angebot für den Kunden haben.
- Melden Sie sich auch, wenn sich die Rahmenbedingungen beim Kunden verändert haben.
- Übertragen Sie alle Informationen in die Kundendatei.

5.2 Informationsweitergabe praxisgerecht

Nicht alle am Telefon erhaltenen Informationen sind für Sie alleine bestimmt. Sehr häufig muss zumindest ein Teil der Information weitergegeben werden. Wer zum Beispiel im Assistenz- oder Sekretariatsbereich tätig ist, zu dessen Kernkompetenzen gehört genau dieses Filtern der am Telefon erhaltenen Informationen. Wir wollen daher hier auf diesen wichtigen Teil der Nachbearbeitung eines Telefonates eingehen.

Klären Sie zunächst ab:

- **Wer** benötigt die erhaltene Information? Ist derjenige, den der Anrufer als Adressat seiner Botschaft genannt hat, der einzige, an den die Information weitergeleitet werden muss? Oder gibt es im Haus noch andere Interessenten, die zu informieren sind?
- **Welche** Information muss weitergegeben werden? Nicht jedes Detail ist auch wichtig. Zu viel Information blockiert die Informationswege und das Wesentliche wird dabei oft übersehen.
- **In welcher Form** sollte die Weitergabe erfolgen (elektronisch per E-Mail, als Telefonprotokoll, in Kurzform als formlose Telefonnotiz etc.)? Bereiten Sie die Informationen auf alle Fälle so auf, dass der Empfänger sofort erkennen kann, was wichtig ist und wo Handlungsbedarf seinerseits erforderlich ist. Eine übersichtliche und auf das Wesentliche beschränkte Telefonnotiz (siehe Kapitel 3) ist dabei hilfreich.
- **Wann** muss die Informationsweitergabe erfolgen? Sofort im Anschluss oder zu einer festgelegten „Informationszeit“? Gehen die meisten Telefoninformationen immer an die gleiche Person, ist es sinnvoll, täglich einen fixen „Info-Termin“ zu vereinbaren. Der Zeitplan beider Beteiligten bleibt so

strukturiert und weitere Unterbrechungen durch neue Informationen werden minimiert. Wer den Großteil der erhaltenen Informationen per E-Mail weiterleitet, sollte das gleich im Anschluss an das Telefonat machen. So minimiert sich die Gefahr, relevante Aspekte, die man nicht notiert hat, zu vergessen, weil der gesamte Gesprächsverlauf noch im Gedächtnis haftet. Außerdem blockiert „Unerledigtes“ Ihren Arbeitsablauf: Eine noch nicht weitergeleitete Telefonnotiz am Schreibtisch schafft ein permanent schlechtes Gewissen „in den Augenwinkeln“.

- **Wo** erfolgt die Weitergabe? Kommt der Informationsempfänger zu Ihnen und holt sich die Information oder müssen Sie diese „liefern“? Schneller geht es meistens, wenn man die erhaltene Info gleich in E-Mail-Form weiterleitet. Manchmal ist es jedoch erforderlich, auch zusätzliche Hintergrundinformationen weiterzugeben. Nicht alles lässt sich ohne die Gefahr von Missverständnissen in einfache Worte fassen. Da spart es unter Umständen Zeit, die Information direkt zum Empfänger zu bringen, indem man ihn anruft oder aufsucht. So können zeitraubende spätere Abklärungen vermieden werden.
- **Mit welcher Zielsetzung** erfolgt die Informationsweitergabe? Je besser Sie über alle Hintergründe Bescheid wissen, umso effizienter können Sie die erhaltene Information auch filtern, nach Prioritäten reihen und an alle Betroffene weiterleiten.

Sieben Grundregeln für Ihr Informationsmanagement

1. Informieren Sie rechtzeitig, genau und vollständig. Wer wichtige Informationen ganz, teilweise oder auch nur für einen gewissen Zeitraum eigenmächtig zurückhält, „missbraucht“ die Macht, die mit der Informationsverwaltung verbunden ist.
2. Geben Sie Informationen nur dann weiter, wenn Sie dazu auch ermächtigt oder beauftragt sind! Haben Sie dem Anrufer versprochen, gewisse Details vertraulich zu behandeln? Dann sollten Sie sich nach Möglichkeit auch daran halten!
3. Informieren Sie so objektiv wie möglich! Nicht Ihre persönliche Interpretation ist gefragt, sondern die tatsächliche Information. Sollten Sie jedoch über wichtige Zusatzinfos verfügen oder dem anderen gerne weitergeben wollen, in welcher Atmosphäre das Gespräch stattgefunden hat, so trennen Sie verbal klar die tatsächlich getätigten Aussagen von Ihren subjektiven Eindrücken.
4. Hüten Sie sich vor „Klatsch und Tratsch“. Vermischen Sie Fakten nicht mit Gerüchten. Sie vermitteln dadurch keinen professionellen Eindruck, und den von Ihnen weitergeleiteten Informationen wird möglicherweise in Zukunft weniger Bedeutung beigemessen.
5. Holen Sie Feedback ein – wurde auch alles richtig verstanden? Wahr ist das, was der andere verstanden hat! Wer dem Telefongesprächspartner versprochen hat, sich um dessen Anliegen zu kümmern, der sollte auch noch einmal

„nachhaken", ob der Mitarbeiter, in dessen Zuständigkeit er die Angelegenheit übertragen hat, auch wirklich tätig geworden ist. Nach außen sind Sie als Empfänger des Telefonates der Verantwortliche!

6. Zerlegen Sie die Information in „verdaubare" Teile, bereiten Sie sie auf. Formulieren Sie klar, bestimmt und in möglichst knapper Form.
7. Missbrauchen Sie Ihre Macht in Bezug auf die Informationsbearbeitung nicht!

☞ **Tipp:**

Informationen sind erst dann effizient, wenn sie zu einer Aktion führen!

5.3 Telefonnummern-Verzeichnis

Egal, ob Sie schnell einen Flug buchen wollen, Ihre Kreditkarte nicht finden oder für Ihren Chef eine Notfallnummer heraussuchen sollen. Wer in so einer Situation rasch die richtige Nummer parat hat, erspart sich lästiges Suchen.

Legen Sie sich für Standardsituationen und Notfälle eine Liste mit allen notwendigen Nummern an – egal, ob am PC oder in der Lade gleich unter Ihrem Telefon. So eine Liste ist ein wichtiges Instrument, um Zeit zu sparen: Sie vermeiden unnötige Suchen nach den benötigten Telefonnummern.

Dieses Verzeichnis ist ein sehr individuelles Instrument, und unsere folgenden Vorschläge, was in so eine Liste hineingehört, erheben keinen Anspruch auf Vollständigkeit. Ergänzen Sie „Ihre" Liste laufend, streichen Sie nicht mehr benötigte Nummern und aktualisieren Sie geänderte Nummern.

☑ Checkliste: Was alles auf eine Telefonliste gehört

Auskünfte:

Telefonauskunft	❍
Auskunft international	❍
Automatische Fahrplanauskunft der Bahn	❍
Internationale Autoreservierung	❍
Hotelbuchungen Service-Hotline	❍
Airlines	❍
Flugbuchungen Service-Hotline	❍
Auskunft Zoll	❍
Steuerberater	❍
Rechtsanwalt	❍
Erinnerungs- und Weckdienst	❍

Notdienste:

Polizei ❍
Feuerwehr ❍
Rettung/Krankentransport/Rettungsflugwacht ❍
Pannendienst (Inland) ❍
Pannendienst (Ausland) ❍
Notfallnummer Autoversicherung ❍
Notfallnummer anderer Versicherungen ❍
Vergiftungszentrale ❍
Ärztlicher Notdienst ❍
Zahnärztlicher Notdienst ❍
Apothekennotdienst ❍
Installateurnotdienst ❍
Elektrikernotdienst ❍
Gebäudeunterhaltsnotdienst ❍
Verbrechensopfer ❍
Telefonseelsorge ❍
Notrufnummer des Auswärtigen Amtes ❍

Service-Nummern:

Internet-Provider-Hotline ❍
Telefonservice-Hotline ❍
Geräte-Service-Hotlines ❍
Kaffee-Maschinen-Service ❍
Büromaterial-Bestellservice ❍
Botendienst ❍
Internationaler Paketdienst ❍
Putzdienst ❍
Fleurop ❍

Sperr-Notrufe:

Kreditkarten Mo–Fr ❍
Kreditkarten Sa–So ❍

Mobiltelefon sperren Inland ❍
Mobiltelefon sperren Ausland ❍

Weitere:
Notrufnummern im Ausland ❍
Ländervorwahlen ❍
Vorwahl von wichtigen Städten ❍
Sonstige wichtige Notfallnummern ❍

5.4 Telefonkosten sparen

Telefonieren erfolgt heute vielfach über unterschiedliche Provider und mit unterschiedlichen Anlagen (Handy, Festnetz, Internet etc.). Die Kostenoptimierung wird zunehmend zu einem Brennpunkt-Thema.

Beginnen Sie das Projekt „Telefonkosten optimieren“ immer mit einer genauen Analyse der derzeitigen Situation. Verschaffen Sie sich so einen Überblick, wo noch Potenzial für Einsparungen vorhanden ist.

☑ Checkliste: Telefonkosten Ist-Analyse

1. Wie hoch sind die gesamten Telefonkosten?

   ____

2. Aus welchen Positionen setzen sich diese zusammen?
   - ______________________________
   - ______________________________
   - ______________________________
   - ______________________________
3. Erfassen Sie alle Positionen lückenlos. ❍
4. Trennen Sie nun die Kosten nach der Art der Kommunikation, also z. B. in Festnetz, Mobilfunk, Internet und E-Mail-Dienste.
   - ______________________________
   - ______________________________
   - ______________________________
   - ______________________________

5. Durchforsten Sie alle Kostenstellen, ob sich nicht ein Teil der Telefonkosten in anderen Kostenarten „versteckt". ❍

6. Erstellen Sie eine Übersicht über die Vertragsstruktur Ihrer Telefonkommunikation:

- Wo bestehen Bindungsklauseln?

____

____

- Wo werden Tarifsenkungen automatisch weitergegeben?

____

____

- Wie errechnen sich die Zeit- und Tarifeinheiten?

____

____

7. Errechnen Sie nun den Anteil der Telefonkosten an Ihren Gesamtkosten.

____

____

Wer sich aufgrund dieser Analyse zu weiteren Schritten veranlasst sieht, sollte nun genauer prüfen, wo jeweils noch Sparpotenziale vorhanden sind.

Wie Sie Telefonkosten senken können:

- Erfassen Sie sämtliche Telefonkosten Ihrer Abteilung oder Kostenstelle und machen Sie sie damit transparent (auch für die Mitarbeiter).
- Überlegen Sie ein Sperren gewisser kostenpflichtiger Nummern (siehe unten).
- Schaffen Sie klare und verbindliche Richtlinien für die Möglichkeit privater Nutzung von Firmenfestnetz und Firmen-Handy.
- Achten Sie auf eine sekundengenaue Abrechnung aller Telefonate.
- Achten Sie auf eine automatische Anpassung aller Tarife bei Tarifsenkungen.
- Wenn Sie einen Basisvertrag mit einem Full-Service-Provider abschließen, haben Sie nicht nur weniger Verwaltungsaufwand (nur einen Rechnungsleger), sondern auch eine bessere Übersicht über die Tarife der einzelnen Kommunikationsformen. Außerdem lassen sich so eher Preisnachlässe für Firmenkunden verhandeln.

- Internet-Telefonieren ist grundsätzlich billiger, allerdings nicht überall adäquat einsetzbar (siehe Kapitel 2.7).
- Vergleichen Sie Alternativangebote immer auch im Hinblick auf deren Service-Qualität: Ein günstiger Tarif allein ist nicht alles. Beratung, Rund-um-die-Uhr-Service, eine klare, detaillierte Rechnungslegung sind ebenfalls wichtige Vergleichsaspekte.
- Vergleichen Sie Ihre Tarifgestaltung immer wieder mit alternativen Anbietern. Einige unabhängige Vergleichsplattformen im Internet helfen Ihnen dabei, z. B.:
  - in Deutschland: www.verivox.de
  - in Österreich: www.konsument.at; www.tarifecheck.at
  - in der Schweiz: www.comparis.ch

Achtung Falle: Service-Nummern

Hinter manchen Vorwahlnummern verbirgt sich eine große Kostenfalle. Da können selbst sehr kurze Telefongespräche hohe Kosten verursachen.

Oft hängt die tatsächliche Gebühr eines Gespräches von der Zahl ab, die auf die Vorwahl folgt und aus welchem Netz angerufen wird.

0180-Nummern:

Das sind „Shared-Cost-Nummern", bei denen sowohl der Anrufer als auch der Angerufene zahlt. Die Abrechnung erfolgt über die Telefonrechnung. Wie hoch die Gebühren tatsächlich sind, ist von Fall zu Fall verschieden, da die Festschreibung der Tarife ausgelaufen ist.

0137-Nummern:

Das sind sogenannte „Televote-Rufnummern", die für Abstimmungen im Radio und im Fernsehen verwendet werden. Je nach Endziffer der Telefonnummer vergibt der Anrufer eine Stimme. Man unterscheidet grundsätzlich drei Varianten:

- 01370/-1 und 01375-9: Ein Computer registriert jeden Anruf und fordert anschließend zum Auflegen des Hörers auf.
- 01372: Auch hier registriert ein Computer den Anruf. Es ist außerdem möglich, dass der Anrufer in eine laufende Sendung weitervermittelt wird.
- 01373/-4: Der Anruf wird wie oben registriert und der Anrufer zum Auflegen aufgefordert.

0190-Nummern:

Das sind die teuersten Service-Nummern. Der Anrufer bezahlt den vollen Preis, die Abrechnung erfolgt ebenfalls über die Telefonrechnung. Auch hier entscheidet die Ziffer hinter der Vorwahl über den Minutenpreis.

0900-Nummern:

Diese Nummern ersetzen vielfach die 0190-Nummern; allerdings gibt es hier keine einheitlichen Preise, da der Betreiber selber festlegen kann, wie teuer der Anruf wird.

0800-Nummern:

Das sind sogenannte „Freecall"-Nummern, ein Anruf auf diese Nummern ist kostenlos. Allerdings kann es trotzdem teuer werden, wenn Sie während des Telefonates aufgefordert werden, eine bestimmte Taste auf Ihrem Telefon zu einem bestimmten Zweck zu drücken.

Sperren von bestimmten Service-Nummern

Es ist möglich, auf Wunsch vom Netzbetreiber alle Verbindungen zu bestimmten Service-Nummern sperren zu lassen. Das kann jedoch bei einigen Anbietern zusätzlich Gebühren kosten. Denken Sie auch daran, dass es seriöse Anbieter mit 0190-Nummern gibt, wie z. B Faxabrufe der Stiftung Warentest in Deutschland oder von Verbraucherzentralen.

5.5 Voicemail

Auch Ihre Voicemail, Ihr Anrufbeantworter, ist eine akustische Visitenkarte, die Ihr Image beziehungsweise das Ihres Unternehmens prägt. Ein potenzieller neuer Kunde oder ein wichtiger Geschäftspartner hat oft schon einige Male den Text Ihrer Voicemail gehört, bevor er mit Ihnen persönlich gesprochen hat. Gehen Sie daher sehr achtsam mit diesem Medium um, und überlegen Sie genau, welchen Text und welche Stimme Ihr Anrufer hören soll.

Beachten Sie vor allem die Tücken dieses Kommunikationsmediums: Sie haben keine Möglichkeit, auf den Anrufer einzugehen – der Anrufbeantworter ist lediglich ein Informationsweitergabegerät, ein Einweg-Kommunikationsmittel.

☞ **Tipp:**

Bevor Sie Ihr Band besprechen, stellen Sie sich vor, Sie würden mit einer echten Person, einem liebenswerten Menschen sprechen, bei dem es Ihnen tatsächlich leid tut, dass Sie ihn gerade nicht persönlich sprechen können. Das bringt echtes Bedauern in Ihre Stimme!

Nehmen Sie sich auf alle Fälle genügend Zeit für das Besprechen Ihres Bandes. Schnell noch am Freitagabend oder kurz vor dem Urlaub sind schlechte Zeitpunkte. Sie würden zu diesen Zeitpunkten ja auch nicht Ihre Werbekampagne planen.

☞ **Weitere Tipps:**

- Achten Sie darauf, dass keine Nebengeräusche Ihre Ansage stören.
- Sprechen Sie möglichst lebendig und natürlich.
- Sprechen Sie nicht zu schnell.
- Halten Sie den Text so kurz wie möglich.
- Legen Sie besonderes Augenmerk auf Telefonnummern und Namen. Sprechen Sie diese besonders deutlich aus oder wiederholen Sie sie.
- Beginnen Sie mit einer freundlichen Begrüßung und verabschieden Sie sich mit einem Dank für den Anruf.
- Bitten Sie den Anrufer, zuerst seinen Namen und dann seine Telefonnummer aufs Band zu sprechen.
- Verwenden Sie im Fall von Nebenstellen nach Möglichkeit einen eigenen, persönlich vom Besitzer dieser Nebenstelle besprochenen Text.
- Bei kurzer Abwesenheit (z. B. Mittagspause) sollten Sie deutlich machen, dass Sie noch am selben Tag zurückrufen.
- Bei längerer Abwesenheit (z. B. Urlaub) nennen Sie das Datum, wann Sie wieder erreichbar sein und einen Rückruf tätigen werden.
- Wenn Sie Ihren Text lieber neutral halten wollen, sagen Sie, dass Sie so bald wie möglich zurückrufen werden.
- Passen Sie Ihren Text individuell an die jeweilige Situation an. Erstellen Sie so zum Beispiel einen eigenen Text für die Weihnachts-, Sommer- oder Osterferien.
- Nutzen Sie die Voicemail auch für Ankündigungen, so können Sie zum Beispiel schon einige Wochen vor Ihrem Betriebsurlaub im Ansagetext auf kommende Aktivitäten oder Ereignisse hinweisen.
- Achten Sie auf den genauen Einsatz Ihrer Voicemail: Sie sollte wirklich nur dann im Einsatz sein, wenn niemand da ist, der das Telefon abhebt.
- Legen Sie daher genau fest, wer wann für das Band verantwortlich ist.
- Alle Mitarbeiter im Unternehmen sollten den Ansagetext kennen. Es wirkt sehr unprofessionell, wenn ein Kunde einen Mitarbeiter auf einen Text anspricht und dieser keine Ahnung hat, wovon der Kunde spricht.

☹ **So nicht!**

„Unser Büro ist im Moment leider nicht besetzt!"

„Sie rufen leider außerhalb unserer Geschäftszeiten an!"

Das merkt der Anrufer ohnehin. Der zweite Text klingt außerdem wie ein Vorwurf an den Anrufer. So entsteht kein positives Image des Unternehmens. Vermeiden Sie daher alle Negativformulierungen.

☺ **Besser:**

„Wir sind von Montag bis Freitag von 8:00 bis 18:00 Uhr persönlich für Sie da."

✋ **Beispiel für einen Ansagetext vor dem Weihnachtsurlaub:**

„Guten Tag, dies ist der Anrufbeantworter von Andrea Fein, Firma Sauber. Ab Montag, 7. Januar, bin ich wieder persönlich zu erreichen. Bitte hinterlassen Sie eine Nachricht, ich rufe Sie am Montag zurück. Meinen Vertreter, Herrn Peter Berger, können Sie unter der Durchwahl 145 erreichen. Vielen Dank."

☑ Checkliste: Voicemail

	ja	nein
⏩ Haben Sie den richtigen Text am Band?	❍	❍
⏩ Ist der Anrufbeantworter wirklich nur außerhalb der Geschäftszeiten eingeschaltet?	❍	❍
⏩ Ist Ihre Ansage noch aktuell?	❍	❍
⏩ Enthält Ihr Text alle wichtigen Bestandteile?		
▸ Firmenname	❍	❍
▸ Telefon/Faxnummer	❍	❍
▸ Eventuell Entschuldigung, dass keine persönliche Entgegennahme des Gespräches möglich ist.	❍	❍
⏩ Wird der Text langsam und deutlich gesprochen?	❍	❍
⏩ Wird zu viel Information hineinverpackt?	❍	❍
⏩ Klingt die Stimme positiv und freundlich?	❍	❍
⏩ Passiert es oft, dass Kunden nicht auf den Anrufbeantworter sprechen?	❍	❍
⏩ Kontrolliere ich von Zeit zu Zeit diese Funktion durch einen Kontrollanruf?	❍	❍
⏩ Höre ich gleich morgens alle Anrufe ab?	❍	❍

☹ **So nicht!**

Versuchen Sie nicht zwanghaft, originell zu sein. Kabarettistische Ansagetexte wirken auf den Anrufer eher abschreckend als animierend. Achten Sie lieber darauf, dass Ihr Text zum Anlass passt. Es ist zum Beispiel unfreiwillig komisch, wenn ein Anrufer am 24. Dezember folgenden Text zu hören bekommt:

„Leider ist unser Büro nicht besetzt, wir sind auf Urlaub. Sie erreichen uns erst wieder am 15. August! Wenn Sie eine Nachricht ...“

Die „Voicemail“ als Gesprächspartner

Wenn Sie statt des gewünschten Gesprächspartners nur den Ansagetext hören, reagieren Sie gelassen und beachten Sie folgende Tipps:

- Atmen Sie entspannt ein und aus – so viel Zeit ist immer!
- Beginnen Sie erst nach dem Pfeifton zu sprechen, sonst geht ein Teil Ihrer Botschaft verloren.
- Sprechen Sie langsam, deutlich und laut.
- Das gilt besonders für Ihren Namen. Buchstabieren Sie diesen noch zusätzlich, so kommt es zu keinen Missverständnissen, und Sie ersparen dem anderen ein zeitraubendes mehrmaliges Abhören des Bandes.
- Hinterlassen Sie immer Ihre Nummer, auch wenn Sie wissen, dass der Angerufene diese bereits hat. Sprechen Sie die Nummer besonders langsam und deutlich, wiederholen Sie sie vor allem dann, wenn Sie meinen, dass der andere Ihre Nummer nicht hat.
- Halten Sie sich kurz: Weitere Details können bei einem Rückruf geklärt werden.

5.6 Telefonieren auf Englisch

Wer häufig auf Englisch telefoniert, für den wird es rasch zur Routine. Doch wer nur hin und wieder einen ausländischen Gesprächspartner am Telefon hat, fühlt sich meist zunächst unsicher und sucht nach den richtigen Worten. Da helfen einige eingelernte Formulierungen über die erste Hürde hinweg.

Um Ihnen diese Situation zu erleichtern, haben wir hier für Sie einige der wichtigsten Formulierungen für das Telefonieren auf Englisch zusammengestellt. Auch diese Aufstellung erhebt keinen Anspruch auf Vollständigkeit, aber als Erste-Hilfe-Liste ist sie sicherlich ein willkommener „Rettungsanker“.

1. Starting a call – introduction:

This is Mrs. Miller speaking.

This is Allbau Co. My name is ...
Mrs. Miller speaking, good morning!
Mrs. Miller speaking, good afternoon!
Can I help you? / May I help you?
What can I do for you?

2. Identifying caller:

Excuse me, who am I speaking to?
Who's calling, please?
Who's speaking, please?
May I ask who's calling, please?
Sorry, I didn't catch your name.
Sorry, I didn't understand your name.
Can (could) you repeat your name?
Can you spell the name, please?
Can you spell it again/once more?
Can you spell it more slowly, please?
Could you repeat that (once more)?
Did I get your name correctly?

3. Delaying caller, connecting:

Who(m) would you like to speak (to)?
Who do you wish to speak?
I'll put you through to Mr. Miller.
Just a moment, I'll put you through in a minute.
Hold the line, please!
Hold on, please!
I'll see if he/she is in.
He/she will be with you in just a moment.
One moment, please.

4. Person not available:

Sorry, (but) the line is busy/engaged (at the moment).

I'm afraid Mr./Mrs. ... is not here at the moment.
I'm afraid Mr./Mrs. ... not in.
I'm afraid Mr./Mrs. ... not in the office today.
I'm afraid Mr./Mrs. ... out of town.
I'm afraid Mr./Mrs. ... in a meeting.
I'm afraid Mr./Mrs. ... on another line
I'm afraid Mr./Mrs. ... with a client.
Sorry, he'll be back in half an hour.
Sorry, he'll be back between 2 and 3 p.m.
Sorry, he'll be back in the afternoon.
Sorry, he'll be back tomorrow at 9.00 a.m.
Sorry, he'll be back next week.
It'll be a few minutes.
Shall we call you back later?
Would you like to have him/her call you back?
Can (could) I have your number, please?
Can I take a message?
Would you like to wait?
Would you like to call back later?
May I ask you to call back later?
Shall I put you through to his assistant?
Would you like to speak to someone else?
I'll tell Mr. X about your call when he comes back to the office tomorrow morning.
Yes, of course, I'll tell him/her.
I'll pass the message on.

5. If you are the one who calls:
This is Mr./Mrs. ... speaking.
I would like to speak to Mr. White.
Could/May I speak to Mr./Mrs. ..., please?
Can you put me through to Mr./Mrs. ..., please?
When can I speak to him?
Can I leave a message for him?

Can (could) you take a message for him?

Could you tell Mr./Mrs. ... that (your name) called, please?

Could you ask him/her to call me back?

Can you tell Mr. ... to call me as soon as he's free?

Could you give me his/her new number, please?

6. Technical problems:

Sorry, I can't hear you, can you speak up please?

Could you speak more slowly, please?

The connection is (very) bad/poor, can you call back later?

I didn't catch that. Would you repeat that, please?

I beg your pardon?

I can hear you clearly (now).

His new extension is 5543.

I'm sorry, I have dialled the wrong number.

Sorry, the line was cut off.

Sorry, we were interrupted.

Sorry, I think you spoke to my colleague (before).

I'm afraid there's no one here by that name.

7. When you don't understand:

Excuse me?

Sorry?

I'm afraid I didn't quite catch that.

I'm sorry. Could you please say that again?

I'm afraid we have a bad line. Could you repeat the date?

Could you spell that for me, please?

8. Making appointments:

When can we get together?

How about meeting in Vienna?

Are you free on Monday, the ...

Would Monday suit your schedule?

Would Monday be convenient?

How does the 18th, at 11 p.m. suit you?

What about 3 p.m.? Would this be a good time, or rather a little later?

That suits her/him fine.

The 18th is fine.

I'm afraid he'll be busy then.

I'm sorry but she/he has already got another appointment then.

I'm afraid Mr./Mrs. X won't be able to keep this appointment / has to cancel this appointment.

Can we call the meeting off?

Sorry to cause you this trouble.

I would like to apologize for the trouble you've been having.

Shall we fix up another time instead?

I would be grateful, if you could send me a confirmation.

9. Future appointments:

The presentation will probably take about an hour.

I'll call you back in just a moment.

I suppose he will be back in 15 minutes.

The flight leaves at 10 a.m.

We are going to present our new line at the trade fair.

10. Expressing regret:

Unfortunately ...

I'm afraid ...

I'm sorry, but ...

Much to our regret ...

Could you perhaps ...

Would you be so kind as to ...

11. Making reservations:

to reserve a room/a place/a seat

to make a reservation

to hold a reservation until

price per person/per room/per day

to confirm in writing/by fax/by email/by telephone

to cancel in writing/by fax ...

to confirm by (= latest possible time)

12. Payment terms:

Are there any other charges or fees?

What does that include?

13. Closing the call:

Thanks for calling (back).

Thanks for your help/assistance/the information

I look forward to hearing from you.

It has been a pleasure speaking to you, goodbye.

Have a nice day.

Thank you, goodbye.

14. Leaving a message:

This is Mrs. X of Meier & sons, ...

The reason I'm calling is ...

Could you please call me back at ...?

Thank you, good bye.

A small telephone dictionary

Anrufbeantworter	answering machine
Anrufbeantworteransage	voicemail greeting
Anrufe nicht durchstellen	hold all calls
Anschluss	local number
Automatische Dienste	automated service
besetzt	engaged busy (US)
Besetztzeichen	engaged tone, busy signal (US)
Büronummer	work number
Durchwahl	direct line
falsch verbunden sein	have the wrong number

Festnetz	landline
Freizeichen	dialling tone, dial tone (US)
Funksignal	signal
Geheimnummer haben	ex-directory, have an unlisted number (US)
getrennt werden	to be disconnected
Handy	mobile phone, cell phone (US)
Hintergrundgeräusche	background sounds
in der Leitung bleiben	hold (the line)
internationale Nummern	international numbers
jemanden auf Lautsprecher schalten	to put somebody on (loud)speaker
jemanden auf stumm schalten	to put somebody on hold
Konferenzschaltung	conference call
Kopfhörer mit Mikrofon	headset
Landesvorwahl	country code
Leitung, Verbindung	line
Nebenstelle	extension
Notfall	emergency
Ortsvorwahl	dialling code, area code (US)
Piepser	pager
Privatnummer	home number
schlechte Verbindung	bad line
Störung	interference
Störungsdienst	fault reporting
Telefonauskunft	directory enquiries
Telefon-Display als Filter verwenden	screen calls
Telefonhörer	receiver
Telefon-Mailbox	voicemail
Telefonnotiz	note
Telefon mit Lautsprecherfunktion	speakerphone
Telefonverzeichnis	directory
Telefonzentrale	switchboard
Terminkalender	diary, appointment book (US)
Terminvereinbarung	appointment
Vermittlung	operator
Ziffer, Stelle	digit

5.7 Zusammenfassung

Ist der Hörer wieder aufgelegt, ist die professionelle Arbeit des Telefonierens noch nicht ganz beendet. Jetzt ist es zunächst wichtig, die Notizen noch einmal aufmerksam durchzugehen und notfalls zu ergänzen. Eine kurze gedankliche Analyse des Gespräches hilft, eigene Fehler zu erkennen und sein Telefonverhalten laufend zu verbessern.

Wichtige Informationen, die zu weiteren Aktionen führen sollen, müssen jetzt an die entscheidenden Stellen weitergegeben werden. Die beste kommunikative Gesprächsführung nützt wenig, wenn dem Gespräch keine Taten folgen. Gehen Sie bewusst und professionell mit diesem Teil der Nachbearbeitung um und entscheiden Sie jeweils, an wen, wann, in welcher Form und wie ausführlich Sie informieren. Kontrollieren Sie, ob das, was Sie dem Anrufer versprochen haben, auch wirklich durchgeführt wurde. Machen Sie so das Anliegen des Gesprächspartners zu Ihrer eigenen Verantwortung.

Eine weitere Hilfe für professionelles Telefonieren ist das Anlegen eines individuellen Telefonnummern-Verzeichnisses. So haben Sie für die häufigsten Notfälle und für immer wiederkehrende Anrufe die jeweiligen Nummern schnell zur Hand und helfen, sich und anderen Zeit zu sparen.

Professionelles Telefonieren erfordert auch eine genaue Kostenkontrolle. Es ist bei der Vielfalt der angebotenen Telefondienstleistungen nicht immer leicht, den Überblick zu bewahren und zu erkennen, wo Sparpotenzial vorhanden ist. Helfen sie bei der firmeninternen Analyse der Telefonkosten mit, indem Sie eine übersichtliche Aufstellung aller Telefonkosten erstellen. Vergleichen Sie Alternativangebote am Markt und erkennen Sie Kostenfallen wie zum Beispiel bestimmte Service-Nummern. Gerade auch die Internet-Telefonie beweist, dass professionelles Telefonieren nicht immer auch teuer sein muss.

Ein weiterer wichtiger Mosaikstein professionellen Telefonverhaltens ist der richtige Umgang mit Voicemail bzw. Anrufbeantworter. Überlassen Sie diese wichtige Visitenkarte Ihres Unternehmens nicht einfach anderen, sondern gestalten Sie den Text und dessen Einsatzmöglichkeiten bewusst und im Sinne Ihrer Anrufer.

Für alle internationalen Telefon-Profis haben wir eine Liste mit den wichtigsten englischen Formulierungen beigefügt. Suchen Sie sich daraus die für Sie wichtigen Sätze heraus, wiederholen Sie diese laut und scheuen Sie sich nicht, sie ins nächste Gespräch mit einzubauen, wenn Sie am Telefon Folgendes hören: *„Good morning, this is ... speaking!"*

6. ZUM ABSCHLUSS: DIE NEUN WICHTIGSTEN TIPPS IM ÜBERBLICK

Tipp Nummer 1: Bereiten Sie sich gut vor

Verlassen Sie sich nicht nur auf Ihre Spontaneität. Wer Erfolg haben will, muss seine Telefongespräche auch richtig vorbereiten. Je besser Sie sich auf Ihren zukünftigen Gesprächspartner einstellen, desto überzeugender werden Sie im Gespräch agieren. Zur Vorbereitung gehört aber auch die richtige innere Einstellung zum Telefonieren an sich. Wer jedes Mal, wenn das Telefon läutet, nervös zusammenzuckt, wird nicht positiv in das Gespräch einsteigen. Betrachten Sie daher das Telefon nicht als Ihren persönlichen Feind, sondern viel mehr als wichtiges Werkzeug und Unterstützung auf dem Weg zur erfolgreichen Kommunikation zur Außenwelt.

Tipp Nummer 2: Mit Ihrer Stimme zum Erfolg

Wenn wir morgens aus dem Haus gehen, haben wir meist schon einiges in unser Aussehen investiert: Morgentoilette, Pflege, Haare waschen und stylen, bewusste Auswahl unserer Garderobe und unserer Accessoires ... Aber haben wir uns auch um unsere Stimme gekümmert? Nein? Doch genau auf diese Stimme wird unsere Wirkung reduziert, wenn wir den ganzen Tag lang telefonieren. Niemand sieht die neue Uhr, die perfekte Krawatte, das neue Kleid. Aber jeder hört das nervöse Kratzen in der Stimme und den unfreundlichen, gestressten Ton. Arbeiten Sie also bewusst an Ihrer Stimme und trainieren Sie sie – gute Stimmung am Telefon ist kein Zufall, sondern das Ergebnis von Stimmtraining und -pflege!

Tipp Nummer 3: Nutzen Sie die Macht des ersten Eindrucks

Gerade am Telefon gibt es keine zweite Chance für einen ersten Eindruck! Hat sich der Anrufer erst einmal ein negatives Bild von Ihnen und Ihrem Unternehmen gemacht, wird es sehr schwer, aus dieser Schublade wieder herauszukommen. Daher ist besonders der Einstieg in ein Gespräch so wichtig. Sprechen Sie aus diesem Grund in dieser Phase besonders langsam, deutlich und legen Sie all Ihre Ausstrahlung in Ihre Stimme. Begrüßen Sie den Anrufer so, wie ein herzlicher Gastgeber seinen lang erwarteten Freund begrüßt, und nicht wie ein Automat einen anderen Automaten. Herzlichkeit geht hier vor aalglatter Perfektion, das „Du" kommt vor dem „Ich".

Tipp Nummer 4: Formulieren Sie wie ein Profi

Suchen Sie den Erfolg im Detail. Es sind nicht immer die großartigen und originellen Formulierungen, mit denen Sie beim Gesprächspartner punkten. Es sind vielmehr die kleinen, unscheinbaren „Zwischenworte", die über Sympathie oder Ablehnung, Zustimmung oder Widerspruch entscheiden. Formulieren Sie am Telefon nach Möglichkeit immer positiv und lösungsorientiert. Sagen Sie dem anderen, was Sie für ihn tun können und werden, statt sich zu rechtfertigen, was Sie leider nicht tun können. Hüten Sie sich vor leeren Worthülsen und Floskeln: Diese schieben den Gesprächspartner weit weg und signalisieren Unnahbarkeit. Bleiben Sie echt und authentisch: Sie bewerben sich ja nicht für den Literaturnobelpreis, sondern Sie wollen Verständigung von Mensch zu Mensch. So lassen sich auch schwierige Gesprächssituationen am Telefon leicht meistern.

Tipp Nummer 5: Auch Schweigen ist (Telefon-)Kommunikation

Telefongespräche sind kein Duell. Es geht nicht darum, den anderen mit „Power-Rhetorik" in Grund und Boden zu reden. Verständigung entsteht nur dort, wo beide Gesprächspartner einander mit Respekt und Einfühlungsvermögen begegnen. Gehen Sie daher mit gutem Beispiel voran und üben Sie sich in der Rolle des respektvollen Zuhörers. Nur wer weiß, was der andere wirklich will, kann mit den eigenen Argumenten bei ihm punkten. Stellen Sie Fragen, statt Behauptungen aufzustellen. So können Sie das Gespräch immer in die von Ihnen gewünschte Bahn lenken, ohne die Zuhörerrolle zu verlassen. Zuhören wird so der Schlüssel zum Gesprächserfolg.

Tipp Nummer 6: Trennen Sie Emotion und Sache

So sehr wir uns auch bemühen – wir sind nun mal keine rein rational funktionierenden Wesen. Gerade wenn es um wichtige Angelegenheiten geht, vermischen wir immer wieder die Fakten mit unseren Gefühlen. Doch weil Gefühle offiziell nichts im Geschäftsleben zu suchen haben, gestehen wir uns diese Gefühle nicht ein und verbannen sie ins Unterbewusste. Dort verlieren wir die Kontrolle über sie und ärgern uns dann maßlos, wenn ein Gespräch nicht ganz so verlaufen ist, wie geplant. Wir haben gespürt, wie wir immer ärgerlicher wurden, haben das den Gesprächspartner auch spüren lassen, aber im Endeffekt trotzdem nachgegeben. So haben wir Zugeständnisse gemacht, die uns jetzt im Nachhinein „im Magen liegen".

Machen Sie es daher genau umgekehrt: Machen Sie Ihre Zugeständnisse gegenüber der menschlichen Seite, den Emotionen des anderen, und bleiben Sie auf der sachlichen Ebene konsequent. Zeigen Sie Verständnis für die Situation und somit für die Emotion des anderen, ohne in der Sache von Ihrem Weg abzuweichen. Lernen Sie, Ihre eigenen Emotionen bewusst zu erkennen und dadurch auch kontrollierbar zu machen. So gelingt Ihnen dieser Balanceakt zwischen Sache und Emotion mit einiger Übung immer besser!

Tipp Nummer 7: Nutzen Sie ein gutes Ende als Neuanfang

Auch der letzte Eindruck zählt! Selbst wenn Sie noch so unter Zeitdruck stehen, ist ein positiver Ausstieg aus dem Gespräch wichtig. Wer als Anrufer den Eindruck vermittelt bekommt, Sie wären erleichtert, endlich den Hörer wieder aufzulegen, der fühlt sich wie mit einem akustischen Fußtritt hinausbefördert. Wiederholen Sie noch einmal die wichtigsten Ergebnisse des Gespräches und klären Sie letzte Missverständnisse. Das spart viel Zeit und Energie. Sprechen Sie den anderen noch einmal mit seinem Namen an, bedanken Sie sich bei ihm und verabschieden Sie sich so, wie man sich von einem lieben Freund verabschiedet. Dieses Gefühl bleibt in Erinnerung und macht den Einstieg in ein weiteres Gespräch leichter. Der positive letzte Eindruck bleibt im Unterbewusstsein gespeichert und wird beim nächsten Kontakt automatisch wieder abgerufen!

Tipp Nummer 8: Machen Sie Erfolge nachhaltig

Gehen Sie sorgsam mit den erhaltenen Informationen um und agieren Sie so als professioneller Informationsmanager. Verteilen und filtern Sie die Informationen, speichern Sie sie und sorgen Sie für die nötigen Aktionen. Denn der beste Gesprächserfolg am Telefon nützt wenig, wenn die versprochenen oder vereinbarten Handlungen nicht folgen. Die Nachbearbeitung eines Telefonates erfordert manchmal viel mühsame Kleinarbeit und fällt oft gerade sehr kommunikativen und extrovertierten Menschen schwer. Doch genau da zeigt sich die eigentliche Professionalität: im Zu-Ende-Führen. Genau geführte, sofort ergänzte und am richtigen Ort weiterverarbeitete Telefonnotizen sind das Kapital, das für Ihre nächsten Gesprächserfolge sorgt!

Tipp Nummer 9: Bleiben Sie gelassen

Sollte es einmal nicht ganz so laufen, wie Sie es geplant haben, ist das noch lange kein Grund für Selbstzweifel. Durch keine Schulungsmaßnahme kann man so viel lernen wie aus den eigenen Fehlern. Nutzen Sie dieses Potenzial bewusst und analysieren Sie nicht so positiv verlaufene Gespräche. Doch auch und gerade erfolgreich verlaufene Gespräche sollten dieser Analyse unterzogen werden. Warum war ich erfolgreich? Was habe ich richtig gemacht? Welche Stärke kann ich daraus erkennen und in Zukunft bewusst in mein Telefonverhalten einbauen? Das schafft Selbstvertrauen und Gelassenheit. So werden Sie Schritt für Schritt zum Telefon-Profi – ganz aus eigener Kraft!

Wir wünschen Ihnen viel Erfolg und Freude!

ANHANG

☑ Checkliste: Telefonskript (z. B. bei Angebots-Übermittlung)

Vorüberlegungen

Wen will ich sprechen, wer ist wirklich der Entscheidungsträger für mein Angebot?

____

____

Was habe ich für den Kunden, warum soll er „Ja“ zu meinem Angebot sagen?

____

____

Telefonzentrale

- Bei Erstkontakten: Name, Vorname und Funktion des Entscheidungsträgers erfragen/notieren
- Name der direkten Mitarbeiter erfragen
- Durchwahltelefonnummer?
- Durchwahlfaxnummer?
- Mobilfunknummer?

Verbindungsweg zur Zielperson/Sekretariat

- Bei Erstkontakten: Verantwortungsbereich des Entscheidungsträger klären
- Antwort auf die „Worum geht es“-Frage
- Verantwortungsbereich (Macht) der Mitarbeiter und/oder Sekretärin abschätzen
- Mitarbeiter/Sekretärin der Zielperson mit in die Verantwortung für das Angebot einbeziehen

Entscheidungsträger

- Gesprächseinstieg
- Powervolle Begrüßung

- Starker Interessenwecker (Aufhänger)
- Gesprächsbereitschaft festlegen – bringt er/sie einen Einwand oder einen Vorwand?
- Erlaubnis für Bedarfsanalyse („Ja“, um Fragen zu stellen)

Verkaufsgespräch

- Analysefragen stellen
- Problemfragen aus den Antworten entwickeln
- Nutzen des Angebots darstellen (Überlegungen: Welche Vorteile bietet mein Angebot im Vergleich zu meinen Hauptwettbewerbern?)

Abschluss

- Feedbackliste anwenden (Zusammenfassung)
- Abschlussfrage stellen
- Antworten (Gegenfragen) auf Einwände des Gesprächspartners eingehen (siehe Rubrik Einwandkatalog)
- Erneut Abschlussfragen stellen
- Auch oder gerade bei negativem Gesprächsverlauf nach Empfehlung fragen
- Wenn Ziel 1 nicht erreicht wurde, versuchen Sie Ziel 2 (zum Beispiel Übersenden von Unterlagen)
- Nächsten Schritt mit Gesprächspartner vereinbaren
- Gesprächsinhalt, insbesondere die Vereinbarungen, zusammenfassen
- „Danke für den Anruf“ und freundlich verabschieden

Schema für einen individuellen Gesprächsleitfaden zur eigenen Bearbeitung:

1. Einleitende Aussagen und Bedarfserhebung:

2. Inhaltspräsentation, Vorteile und „Schlüsselfragen“:

3. Einwandbehandlung und Abschluss des Gespräches:

Beispiel eines Gesprächsleitfaden für Reklamationsgespräche

1. Schritt: Schaffen eines positiven Gesprächsklimas

- **Sofort** mit Konzentration und einem freundlichen Gruß auf den Kunden reagieren
- Mit dem **Namen** ansprechen
- **Verständnis** für die Kundenemotion: *„Ich verstehe Ihre Verärgerung."*
- Kunden **ernst nehmen**, aktiv zuhören
- Durch **Fragen** Emotion abbauen: *„Es geht für Sie um ..."*

2. Schritt: Problem analysieren

- Offene Fragen, um die **wahre Ursache** zu erkennen (z. B.: wie, welche, wann etc.)
- **Positiv** formulieren: *„Ich werde die Daten ermitteln."* statt *„Das weiß ich jetzt nicht."*
- **Bestimmt und konkret** formulieren, keine Möglichkeitsformen
- **Keine** Fachbegriffe und Abkürzungen
- Wichtiges **notieren** und dies dem Kunden auch mitteilen
- Sache und Emotion **trennen**: *„konkret"*, *„genau"* verwenden
- **Keine** Standardfloskeln verwenden, z. B.: *„Tut mir leid"*
- **Feedback** vom Kunden einholen: *„Ist das so für Sie in Ordnung?"*

3. Schritt: Suche nach der gemeinsamen Lösung

- **Positiv** formulieren, ohne „Reklamation", „Beschwerde", „Problem"
- Bei tatsächlichen Fehlern offen **entschuldigen**
- Den Kunden das Gesicht wahren lassen, auf den eigenen Ton achten!
- Der Meinung des Kunden die eigene ohne Bewertung gegenüberstellen: *„Sie sehen die Sache so, dass ... Aus unserer Sicht ist es so, ..."*
- Betonen der **gemeinsamen Lösung**: *„Wir werden das gemeinsam so machen ..."*
- Auf die klaren **Spielregeln** hinweisen: *„Unsere Richtlinien sind ..."*
- Die **eigenen Aktivitäten** nennen: *„Ich werde mich für Sie erkundigen, Sie hören von mir bis ..."*

4. Schritt: Positiver Ausstieg als Neuanfang

- **Zustimmungsfragen**: *„Sind wir uns einig, dass ...“*
- Ergebnisse zusammenfassen und nochmals das **Feedback** bzw. die Bestätigung des anderen einholen
- Für die Anregung, den Anruf (nicht für die Reklamation) **danken**
- Bei der Verabschiedung den **Namen** des Kunden nennen

Buchstabiertabellen

	Österreich	Deutsch	Englisch	Amerikanisch	International	NATO
A	**Anton**	Anton	Andrew	Abel (ei)	Amsterdam	Alfa
Ä	**Ärger**	Ärger				
B	**Berta**	Berta	Benjamin	Baker	Baltimore	Bravo
C	**Cäsar**	Cäsar	Charlie	Charlie	Casablanca	Charlie
Ch		Charlotte				
D	**Dora**	Dora	David	Dog	Dänemark	Delta
E	**Emil**	Emil	Edward	Easy	Edison	Echo
F	**Friedrich**	Friedrich	Frederick	Fox	Florida	Foxtrott
G	**Gustav**	Gustav	George	George	Gallipoli	Golf
H	**Heinrich**	Heinrich	Harry	How	Havanna	Hotel
I	**Ida**	Ida	Isaac	Item	Italia	India
J	**Julius**	Julius	Jack	Jig	Jerusalem	Juliet
K	**Konrad**	Kaufmann	King	King	Kilogramm	Kilo
L	**Ludwig**	Ludwig	Lucy	Love	Liverpool	Lima
M	**Martha**	Martha	Mary	Mike	Madagaskar	Mike
N	**Nordpol**	Nordpol	Nellie	Nan	New York	November
O	**Otto**	Otto	Oliver	Oboe	Oslo	Oscar
Ö	**Österreich**	Ökonom				
P	**Paula**	Paula	Peter	Peter	Paris	Papa
Q	**Quelle**	Quelle	Queenie	Queen	Quebec	Quebec
R	**Richard**	Richard	Robert	Roger	Roma	Romeo
S	**Siegfried**	Samuel	Sugar	Sugar	Santiago	Sierra
Sch	**Schule**	Schule				
T	**Theodor**	Theodor	Tommy	Tare	Tripoli	Tango
U	**Ulrich**	Ulrich	Uncle	Uncle	Uppsala	Uniform
Ü	**Übel**	Übermut				
V	**Viktor**	Viktor	Victor	Victor	Valencia	Victor
W	**Wilhelm**	Wilhelm	William	William	Washington	Whiskey
X	**Xaver**	Xanthippe	Xmas	X(eks)	Xanthippe	X-Ray
Y	**Ypsilon**	Ypsilon	Yellow	Yoke	Yokohama	Yankee
Z	**Zürich**	Zeppelin	Zebra	Zebra	Zürich	Zulu

LITERATUREMPFEHLUNGEN

Cerwinka, G., Schranz, G.:
Die Büro-Bibel
Linde Verlag, Wien

Cerwinka, G., Schranz, G.:
Professioneller Telefonverkauf
Carl Ueberreuter, New Business Line, Frankfurt

Cerwinka, G., Schranz, G.:
Beim ersten Eindruck gewinnen
Linde-Verlag, Wien

Cerwinka, G., Schranz, G.:
Wie kommuniziere ich souverän mit Gästen?
Redline Wirtschaftsverlag, Heidelberg

Cerwinka, G., Schranz, G.:
Die Macht der versteckten Signale
Carl Ueberreuter Wirtschaftsverlag, Wien

Cerwinka, G., Schranz, G.:
Souverän im Sekretariat
Carl Ueberreuter Wirtschaftsverlag, Wien

Cerwinka, G., Schranz, G.:
Nervensägen
Linde-Verlag, Wien

Klaus Merg, Torsten Knödler:
Überleben im Job
Redline Wirtschaft, Heidelberg

Saxer, U.:
Bei Anruf Erfolg
Telefon-Seminar für Manager und Verkäufer/Hörbuch
Rusch Verlag, Kreuzlingen/Konstanz

Schäfer-Elmayer, T.:
Der Business Elmayer
Ecowin Verlag, Salzburg

Schulz v. Thun, F.:
Miteinander reden, Band 1, 2 und 3
Rororo Verlag, Reinbek bei Hamburg

Das Sekretärinnen-Handbuch
Fachverlag für Sekretärinnen & Assistentinnen, Bonn

Interessante Links

- http://inhalt.monster.ch/9837_de-ch_p1.asp (Richtig telefonieren – Der erste Eindruck zählt)
- www.arbeitsratgeber.com/telefonieren-am-arbeitsplatz_0190.html
- www.calltraining.com
- www.focus.de/karriere
- www.sekada-daily.de
- www.sekretaerinnen.de
- www.sekretaria.de
- www.telefonkonferenz.info

Gabriele Cerwinka • Gabriele Schranz

Der Telefon-Profi